U0630169

中国人的家风

陌漠 主编

人民东方出版传媒
People's Oriental Publishing & Media
东方出版社
The Oriental Press

图书在版编目（CIP）数据

中国人的家风 / 陌漠主编. —— 北京：东方出版社，
2024.2

ISBN 978-7-5207-3432-5

Ⅰ.①中… Ⅱ.①陌… Ⅲ.①家庭道德—中国 Ⅳ.
①B823.1

中国国家版本馆CIP数据核字(2024)第016503号

中国人的家风

（ZHONGGUOREN DE JIAFENG）

主　　编：陌　漠

策划编辑：鲁艳芳

责任编辑：朱兆瑞

出　　版：东方出版社

发　　行：人民东方出版传媒有限公司

地　　址：北京市东城区朝阳门内大街166号

邮　　编：100010

印　　刷：香河县宏润印刷有限公司

版　　次：2024年2月第1版

印　　次：2024年2月北京第1次印刷

开　　本：710毫米×1000毫米　1/16

印　　张：14.5

字　　数：200千字

书　　号：ISBN 978-7-5207-3432-5

定　　价：68.00元

发行电话：（010）85924663　85924644　85924641

版权所有，违者必究

如有印装质量问题，我社负责调换，请拨打电话：（010）85924602 85924603

家风是什么？

家风，是一个家庭，一个家族传承下来的品格、风尚、作风以及整体气质。可以说，它是一个家族给子孙后代树立的价值准则。

在快速发展的时代背景下，我们常常受到新文化、新思想的冲击，面临着名、利、权、色等种种诱惑。然而，我们每个人都生于中国的传统家庭，生活在浓郁的家文化氛围之中，这就决定了我们无时无刻都在潜移默化中接受着家风的影响，始终保持着家族特有的风度。

好家风，重伦常。在中国传统文化中，做人做事必须遵守伦理道德，即我们时常说的"五常"，仁、义、礼、智、信；"八德"，忠、孝、仁、爱、信、义、和、平。疏广散金、郯子至孝、岳母刺字……这些历史典故所浮现出来的便是其仁、孝、义的道德品质，之后，其懿行嘉言便成为家风之源，再经过家族子孙代代传承，形成了良好的家风。

好家风，是一个家族最珍贵的传家宝，是一个家族兴旺发达的财富。不论是古代的《颜氏家训》《钱氏家训》，还是近代的《梁启超家书》《傅雷家书》，一句箴言、一则家训、一种品德，传承下来，约束和鼓舞着后代，使得这个家族家门兴盛、人才辈出。

好家风，不仅是一个家族的立足之基、传承之本，更是中国传统文化的重要组成部分。它的教化功能深远而且多元，既塑造了基本的社会价值观，也培养了道德意识，更强化了人格美德。

这也是我们撰写家风的意义——修身、齐家，然后才足以闯天下。

于是，《中国人的家风》用深入浅出的写法，从温、良、恭、俭、让五个角度，全面阐述了对家风、家教、家规、家训的思考，以家风故事的形式，使人们在充实历史文化的同时，对良好家风产生更深入、新颖的理解与领悟。

《中国人的家风》一书展现了严谨的逻辑结构，深入提炼了家风的真谛，并全面阐述了修身、养性、为人、处世、齐家、治国等多方面的深刻见解。它不仅是一本优秀的现代家庭读物，也是广大家长、教师和孩子们进行家风学习、教育的首选参考书。

阅读《中国人的家风》，我们可以更好地理解家风家训的传承，也可以更好地理解中国传统文化的真谛。

目 录

contents

篇一 温：入世的风范与格局

第一章 履仁蹈义，家训要义：心怀仁义，无所畏惧

仁义治家，一门四进士　　　　　　　003

义门陈氏：义之所至，至公无私　　　005

疏广散金，为子孙行善积德　　　　　007

毁契还田，深明大义　　　　　　　　009

济人于危难，能回报千年　　　　　　011

兄肥弟瘦，手足情深动天感地　　　　013

兄弟争狱，易成国之栋梁　　　　　　015

推己及人，仁者唐临　　　　　　　　016

为叔守家，不义之财分文不取　　　　018

糟糠之妻不下堂　　　　　　　　　　020

第二章 妇贤淑良，家兴门旺：贤为内助，家有宏图

家有贤母，必有良臣　　　　　　　　023

教子正道，是一生之事　　　　　　　025

当箸择友，福遗子孙　　　　　　　　027

义母崔氏，促子清廉　　　　　　　　028

慈母谆告，清清白白　　　　　　　　030

近墨者黑，孟母三迁　　　　　　　　032

先利人后思己，慈母大义　　　　034

患难夫妻，不放弃，不抛弃　　　036

见微知著，慧者知机　　　　　　038

大义齐姜，舍爱遣夫成就霸图　　040

乐羊子妻劝夫路不拾遗，相夫孝母　042

贤妻辅许允，见识过人　　　　　044

太守夫人明理聪慧，妙计保夫　　046

篇二　良：立世的智能与根基

第三章　知礼守礼，治家根基：贫有其乐，富不忘礼

礼贤下士，才有朋众相帮　　　　051

刚直教子，四子皆大成　　　　　052

礼法传家，树大家风范　　　　　053

贵不忘礼，谓之义　　　　　　　055

兄弟友善，是家门福气　　　　　057

居高不傲，得人心之道　　　　　058

和睦门风，家和万事兴　　　　　060

富而好仁，惠人者亦可惠己　　　061

积善之家，常有余庆　　　　　　063

第四章　塑品立行，齐家必严：克己自律，如履薄冰

流自己的汗，吃自己的饭　　　　066

达官治家，慎独慎微　　　　　　068

一门双进士，三代五俊杰　　　　070

耕读传家，要守六百年家法 072

做仁人君子，比做名士更重要 074

一门三院士，九子皆才俊 076

黄家不培养贵族子弟 078

广安邓氏，闻正言，行正事 079

傅雷治家，宽严相济 081

言传身教，一丝不苟 083

第五章 坚定信念，振举家声：不忘初心，方得始终

孔子为学，三月不知肉味 086

常熟翁氏：振家声还是读书 088

周家大院，书声永振 090

从败家子到学问家 092

纸上终是浅，实践出真知 094

深居简出，只为苦读磨志 096

闻鸡起舞，方可大展宏图 098

坚定追求，不以物移 099

研习学问，是终身之事 100

篇三 恭：应世的标格与德法

第六章 既孝且敬，孝义家风：父母之命，错也不怒

父母之年，不可不知 105

郯子至孝，鹿乳奉亲 107

子路负米，念念不忘养育恩 109

为继父讨饭，举为孝廉   111

事母辞官，俊杰潘安   113

拒绝征召，临淄江巨孝   115

小事见孝心，如黄香温席   117

谨守《孝经》，孝悌著称   119

第七章 男儿热血，以国为家：祖国有难，应做前锋

匈奴未灭，何以为家   121

威武不能屈，宁死不叛国   123

义阳朱序，母子皆忠烈   125

忠臣不事二君，虞悝举家赴义   127

大义朱伺，舍家卫国   129

捐躯赴国难，视死忽如归   131

岳母刺字，还我河山   133

国士陆放翁，一家全义士   135

血性男儿，失血不可失气节   136

篇四　俭：理世的方向与气度

第八章 廉而不刿，家门之幸：祸生于欲，福生于抑

金珠不载载石还，载得巨石知其廉   141

妄取他人财，布施也无益   143

胡氏家风：不取一钱自肥   145

恭俭整肃，白衣尚书   147

做个贫官，留给子孙清白   149

拒不受礼，章敝廉洁奉公   151

人之修养，与"贪泉"无关   153

两江总督，"天下廉吏第一"   155

不义之财，宁可付之一炬   157

子产奉公，不越规矩   159

家无衣帛之妾   161

第九章 克勤克俭，家给人足：居安思危，戒奢以俭

吾心独以俭素为美   163

帝王做表率，教子倡俭   165

不慕奢华虚荣，不讲排场   166

躬率节俭，天下安宁   168

留下小物件，或有大用途   169

勤俭治国，故天下安居乐业   171

一粥一饭，当思来之不易   173

用度从俭，以天下为己任   175

安之若素，淡中趣长   176

杜绝奢侈，才能达到全盛   177

第十章 讲诚守信，家业兴隆：诚而不欺，成事大义

少卖钱事小，坏名声事大   180

周公家训，以信为重   182

一言既出，小孩也不能糊弄   184

得百两金，不如季布一诺   186

季李挂剑，大信不约   188

诚信君子，卓恕千里如期   190

勇于认错，也是信守承诺　　　　　　192

立木为信，万众归心　　　　　　　　194

戒欺——这才是金字招牌　　　　　　196

篇五　让：就世心态与讳忌

第十一章　为而不争，家门远祸：且退一步，海阔天空

为而不争，家门远祸：且退一步，海阔天空　200

愿得寝丘之地　　　　　　　　　　　201

让他三尺又何妨　　　　　　　　　　203

敦厚谦让，才能光前裕后　　　　　　205

让出爵位，不争荣华富贵　　　　　　207

厚德之人，福泽绵远　　　　　　　　209

热情谦抑，不做无谓之争　　　　　　211

恕人之过，正是给自己积福　　　　　213

百忍成金，一切法得成于忍　　　　　215

宰相肚里能撑船　　　　　　　　　　216

篇一

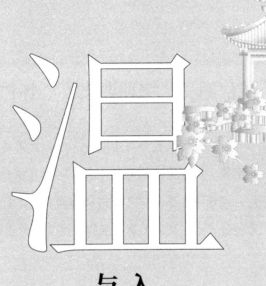

温

与格局　入世的风范

第一章

履仁蹈义，家训要义：心怀仁义，无所畏惧

不论在古代还是当前社会，时代的更迭并不能改变事物固有的规律。尽管用心险恶、手段卑劣者可能一时得利，获得些许好处，但这并非正道；只有内心充满仁德、行为光明磊落，才是立足和谐社会、成就大事、获得长远发展的正确的为人处世之道。

仁义治家，一门四进士

　　陈省华（939—1006）是北宋名臣，他的仕途十分顺畅，从小小的县尉一路做到九卿，死后还被追封为太子少傅、秦国公。陈省华廉明公正，清风峻节，是一名品德高尚的真君子。不过，最令人敬佩的是他教子有方，以仁义治家。他的三个儿子都进士及第，再加上他，一门出了四个进士，可谓风光无限。

　　陈省华历经两朝，后蜀时担任一县县尉。后来，宋太祖赵匡胤灭了蜀国，他因能力出众，一路高升。陈省华很受百姓爱戴，因为他的办事能力强，会真心实意地为百姓办好事。他还善于发现人才，重用人才。

　　陈省华在某地任县令时，当地有不少欺压百姓的豪强恶霸。他们盘踞在河流上游，故意堵塞河渠，不让下游百姓用水。没有水，百姓就无法进行农业生产，日子过得苦不堪言。陈省华上任后，他毫不畏惧这些黑恶势力，一边派人挖通河渠，一边抓捕这些恶霸，让百姓们过上了好日子。

　　后来，陈省华升任苏州知府，恰逢当地遭遇水灾，处处都是流离失所的灾民。他组织有能力的人一同救灾，先是安置好数以千计的灾民，为他们提供医疗帮助，解决生活难题，后又安葬在灾难中去世的百姓。陈省华奔赴在抗灾一线，令百姓们大为感动。

　　古人看重科举，凡是能金榜题名的，都会受到世人敬仰。陈省华一家出了四个进士，三个儿子有两个考上了状元，足以令他受世人追捧。

　　在陈省华政务繁忙的时候，他的三个儿子相继出生。不过，他没有忽略孩子们的教育，每天都会抽出时间教导儿子。他除了教导儿子们要寒窗苦读，考取功名，还教导他们为人处世的道理。

史料记载，陈省华家有一匹烈马，此马性情暴躁，时常踢伤、咬伤人。一日，陈省华去马棚看马，忽然发现这匹烈马不见了。于是，他问看管马棚的仆人马去了哪儿，仆人说是他的三儿子陈尧咨把马儿牵走了。

此时陈尧咨已经入仕，任翰林院院士。陈省华命人叫来陈尧咨，问他马在哪儿，陈尧咨支支吾吾地说他把马卖给了一位商人。陈省华听后勃然大怒，对陈尧咨一通训斥："你明知道这匹马性子烈，经常伤人，怎能不负责任地卖给别人呢？万一伤到别人怎么办？"尽管陈尧咨被父亲教训得面红耳赤，但打心里还是认同了父亲的话。

后来，在陈省华的要求下，陈尧咨将钱退给商人，将马儿牵回家。虽然这匹马性子烈，无人能骑，但是陈省华还是告诫下人，要好好饲养这匹马，直到它自然死亡。

陈省华心怀仁爱与正义，并以此作为家风传承。他的子孙后代自小受家风熏陶，潜移默化地在为人处世中不忘仁义，所以陈家出了许多栋梁之材。

义门陈氏：义之所至，至公无私

盛唐时期，江州（今江西九江）有一聚族而居的大家族，即义门陈氏。这个大家族延续至今，依然兴旺，族里出了数不胜数的人才，比如我国近现代史上的陈独秀、陈宝箴等，就是义门陈氏的子孙后代。这些名人身上，都有着"义之所至，至公无私"的品质，这也是义门陈氏世代传承的族风理念。

宋朝时期，义门陈氏美名远扬。当时的皇帝宋真宗听闻义门陈氏的种种事迹后，就召见了一族之长陈延赏。

宋真宗问他家中情况，陈延赏从容地说："堂前架上衣无主，三岁孩儿不识母，一十五代未分居，农夫不怨耕田苦。"意思是说，他们的家族很团结，有衣一起穿，有饭一起吃，有孩子就一起照顾。世世代代不分居，以农耕为乐。

宋真宗又好奇地问："孩子不认识母亲，那就是不孝，如此你们陈氏又怎能称大义？"

陈延赏不慌不忙地解释："在我们家族，孩子出生后会集中哺育。母亲们不会在意孩子是谁家的，会自觉喂饱孩子母乳。孩子断奶后，又同族人同吃同喝，同玩同乐。到了入学年龄，同进陈氏学堂，接受同等的教育。故而，他们孝顺的是族里的每个长辈，这是大孝，也是义之所在。"

义门陈氏的"义"，也体现在国家大事上。每当国家遇到灾祸，他们都会慷慨解囊，至公无私。

有一年，江州大旱，颗粒无收。尽管如此，义门陈氏还是如数缴纳赋税，每日只靠野菜、树皮充饥。他们一连过了好几个月这样的日子，全族上下每个人都饿得面黄肌瘦。朝廷得知他们的情况后，不禁为他们的大义而感动，赐给他们三千石米粮。当时的族长见周边百姓也在忍饥受饿，就拿出一半的粮食救济他们。大家齐心协力，终于艰难地渡过了这场灾难。皇帝听闻陈氏一族的义举后，都忍不住称赞，赐他们"义门陈氏"之称。

比较有趣的是，义门陈氏曾养了上百只狗，这些狗集中喂养，也学会了讲义气。一次，族人们给狗端来食物，这些狗只盯着食物，没有一只上前吃，原来是有一条狗还没有到。等到这条狗来了，它们才埋头大吃。

皇帝听闻后惊奇不已，立马派人去义门陈氏做实验。他们在狗舍的地上放了一百个香馍馍，牵来了九十九只狗，其中一只狗叼起一个馍馍跑开了，它将这个馍馍送给没到的那只狗吃。等这只狗返回后，在它的轻吠中，众狗将地上的馍馍分食殆尽。

《中国姓氏通书》一书称义门陈氏的"百犬同槽"为世界奇观，因而有"义门陈氏天下奇，百犬同槽奇中奇"之说。

义门陈氏历经千年，被历代帝王旌表20余次，是当之无愧的"天下第一家"。时至今日，义门陈氏虽不再同吃同住，但仁义家风仍在传承，人才辈出。

疏广散金，为子孙行善积德

今河南省获嘉县在古代称"宁邑"，这里流传着不少"宁邑二疏"的事迹。"二疏"是指疏广（?—前45）和他的侄子疏受（?—前48），前者曾任太子太傅，后者曾任太子少傅。功名利禄对这对叔侄俩来说犹如过眼云烟，说放弃就放弃。

汉元帝时期，疏广、疏受在仕途上一帆风顺，可谓功成名就。然而，疏广认为为臣之道就该见好就收，不能流连权势。所以，他决定带侄子辞官回乡。当他将这个决定说给疏受听时，疏受既震惊又不解。

疏广解释说："综观历史，功成名就的人都懂得审时度势，急流勇退。我们叔侄俩已经功成名就，现在正是急流勇退的时候。我担心现在不辞官回乡，以后会遭遇祸事。"

疏受觉得叔叔说得很有道理。于是，他们便以年老多病为由，上报汉宣帝要辞官回乡。皇帝见疏广确实年事已高，疏受又体弱多病，就同意了他们的请求。此外，宣帝还赏赐了很多金银给叔侄俩。

疏广带着疏受回到家乡后，广散钱财做善事，兴建了许多学堂，并且对前来求学的学子们分文不收。他还亲自任教，教授学生们知识、道理。有友人见他花钱如流水，忍不住劝说："您子孙满堂，家中人口众多，应该用赏赐的钱多多购买良田，这样才能使子孙后代衣食无忧。"

疏广不赞同地说："常言道'人不为己，天诛地灭'，我很不认同这个说法。相反，如果人人只为自己而活，那才要天诛地灭。我喜欢行善积德，这能使我感到快乐，也能让我实现自己的价值。"

友人暗暗敬佩疏广的大义，又问："你把钱财散尽了，你的子孙后代该怎么生活呢？"

疏广洒脱一笑，说："我给他们留下万贯家财，他们只能过一时的好日子，等钱财用完了，日子会过得无比艰难。所以，我要做的不是给他们留多少钱财，而是教他们生存的技能、为人处世的本领、勤劳肯干的品行。"疏广的这番话令友人心服口服。

疏广、疏受叔侄生前广受乡邻称赞，死后亦名垂青史。东晋诗人陶渊明路过宁邑时，特地作了《咏二疏》一诗赞颂他们："大象转四时，功成者自去。借问衰周来，几人得其趣。游睚汉庭中，二疏复此举。"

疏广散尽千金，为子孙后代行善积德。他的仁义和不为金钱、名利而折腰的优秀品德，也成为家风，令子孙后代谨记于心。

毁契还田，深明大义

元朝时期，今河北容城有个叫魏敬益的大善人，他矜贫救厄，深明大义，深受乡邻们爱戴。魏敬益做了什么善举呢？

魏敬益勤劳肯干，多年下来，存了不少钱财。他用这些钱购买了许多良田，只为自己的子孙后代能衣食无忧。

一日，魏敬益去市集，碰到了好几个卖田给他的农夫。这些农夫不停地问过路人家中招不招长工。魏敬益见他们各个愁眉苦脸，唉声叹气，就问他们怎么了。农夫们摇摇头，叹息说："日子快过不下去了。"

原来，这些农夫将田卖给魏敬益后，就靠当长工赚钱。然而，活计不是天天有，赚到的钱根本不够养家糊口。农夫们感叹说："以前有田时，好歹能吃饱，自从把田卖了，常常是吃了这餐，没有下餐。"

虽然魏敬益买农夫们的田地时给了钱，但一想到他们没田可耕种是因为他，不禁深感愧疚。他一连几日吃不好睡不好，整个人憔悴不已。他深思熟虑数日，最终决定把田还给农夫们。这天，他把儿子叫到跟前，说："我买了不少农夫的田，使他们失去了生活的依仗，心里很过意不去，准备将田还给他们。我们原本就有田，只要将这些田耕种好，日子也不会差。"

儿子听后，不认同魏敬益的做法。魏敬益只能动之以理、晓之以情地继续劝说："你忍心看乡亲们忍饥受饿吗？做人要重大义，积德行善，绝不能自私自利！"儿子听了他的这番话羞愧不已，再也不反对他的决定了。

又一日，魏敬益将卖田给他的农夫召集到家中，他对着众人直奔主题："今天喊你们过来，是想将田地还给你们。"农夫们听后，纷纷感到疑惑，其中一个农夫说:"您买我田地的钱,我已经花光了,您要退田,我也没钱给您呀!"

魏敬益满脸诚恳地说:"我知道,你们失去了田,日子过得艰难。这些田我还给你们,你们不用退我买地的钱。"说完,他拿出一沓地契,当着众人的面直接撕毁了。

农夫们先是惊愕魏敬益的举动,后又高兴得手舞足蹈。他们对魏敬益千恩万谢,称赞他大义。后来,农夫们为了报答魏敬益,由两位长者领头一同前往县衙,恳求官府表彰魏敬益的善举。县官也为魏敬益的大义之举而感动,又将这事上报给上级府衙。上级府衙不仅表彰了魏敬益,还将他的事迹广为宣扬。

魏敬益的子孙皆为他的所作所为自豪,他们将魏敬益的仁义当作信仰,一代一代传承下去。

济人于危难，能回报千年

元代杂剧有四大悲剧，《赵氏孤儿》是其中之一。这部根据真实事件改编的杂剧讲述了这样一个故事。

春秋战国时期，晋国朝堂动荡。权臣屠岸贾为了从赵氏一族手中夺得国政大权，擅自领兵屠杀赵氏全族。当时，赵氏一族的赵朔娶了晋成公的姐姐庄姬。赵氏一族被屠当日，身怀六甲的庄姬逃入宫中。

赵朔平日里为人宽厚，深得门客们拥戴，其中有两个叫公孙杵臼和程婴的门客。他们一边发誓要为赵家报仇雪恨，一边想方设法保全庄姬肚子里的孩子，为赵氏一族留下血脉。后来，庄姬生下一个男孩，取名赵武。屠岸贾得知赵氏还有遗孤后，为了斩草除根，领兵四处搜寻。

这日，屠岸贾搜到了庄姬的住处。庄姬焦急之下将孩子藏进衣服里，因为正值冬日，衣服穿得宽大厚实，外人根本看不出她的衣服里藏着一个婴儿。说来也神奇，平日里啼哭不止的婴儿，今日格外安静。所以，他躲过了屠岸贾的搜索。公孙杵臼和程婴深知这样东躲西藏不是长远之计，于是思索起解决之法。

公孙杵臼语气沉重地问程婴："在死和保护这个孩子上，哪个困难些？"

程婴不假思索地说："当然是保护这个孩子。"

公孙杵臼对程婴一脸决绝地说："恕我公孙杵臼无能，只能以死保全赵氏血脉，以后这个孩子只能劳您照顾了。"

之后，公孙杵臼抱来一个婴儿。在屠岸贾又一次搜索时，程婴强忍悲痛，按照两人商议的，由他揭发公孙杵臼私藏了赵氏孤儿。最终，屠岸贾杀了公孙杵臼和那个孩子。此后，程婴带着赵氏真正的血脉过着颠沛流离的生活。

在此后的十五年中，屠岸贾独揽朝政大权，不将晋景公放在眼里。晋景公忍无可忍，派人找到程婴和已经长大成人的赵武。在他们的谋划下，屠岸贾被诛杀。晋景公恢复了赵氏一族的殊荣，任赵武为国政大臣。

在赵武二十岁加冠那年，忽然有一天，程婴向赵武辞行。赵武以为程婴要去远游，殊不知他的辞行是与世长辞。程婴说："当年为了保护你，公孙杵臼先我而死，留我抚育你长大。如今，你已长大成人，光复了赵氏一族，我没有理由再活下去，该去和公孙杵臼相见了。"

赵武与程婴的关系情比父子。赵武哭得泪流满面，恳求程婴不要轻生。可程婴看重情义，最终拔剑自刎。

公孙杵臼和程婴救赵武于危难之中，故而赵武叮嘱子孙后代，要牢记这两个人的恩情，学习并传承他们的仁义作风。现今，两千多年过去了，赵氏一族的祠堂边依然摆放着公孙杵臼和程婴的牌位，赵氏子孙后代在拜祭先祖时也会祭奠这两位仁义之士。

兄肥弟瘦，手足情深动天感地

西汉末年，王莽当政时期有位名将叫赵普，他有两个儿子。长子赵孝步入仕途后清廉正直、大公无私，美名比父亲有过之而无不及。最令人津津乐道的是他与弟弟赵礼的感情，两人兄友弟恭，手足情深。

赵孝为人朴素，平时总穿粗布麻衣，凡事亲力亲为。他虽然身居高位，但公私分明，从不利用官职为自己谋利。比如有一次，赵孝回乡探亲，路过某地的驿馆时，被当地小吏得知，就提前为他准备好了住宿和美食。

然而，小吏并不知道赵孝的模样，所以在见到赵孝时就问他是不是赵大人。如果是的话，就随他去他安排的住处，享用他准备的美酒美食。赵孝心想：我没有为国立下大功，怎配享受这样的待遇呢？所以，他立即否定自己是赵孝。为了防止小吏发现他的身份，他甚至没有住在驿站中，连夜就离开了。

赵孝有个弟弟名赵礼。赵孝认为长兄如父，所以会主动承担教导弟弟的重任。他除了关爱弟弟的日常生活，还会关心弟弟的学业，希望弟弟品行高尚，能成长为国之栋梁。成语"兄肥弟瘦"的典故讲述的就是这对兄弟的故事。

那时朝堂动荡，天下大乱，四处都是盗贼劫匪。弟弟赵礼外出时，被劫匪劫持。赵孝得知消息后焦急万分，为了救出弟弟，他决定用自己当人质，以换弟弟回家。他先用绳索绑住双手，独自前往劫匪的老巢。

赵孝见到匪首后，诚恳地说："求求你们放了我的弟弟吧！他又瘦又小，已经饿得皮包骨头了，我长得高大，身上肉又多，愿意用我的性命换他的。"

匪首非常·惊讶："我还是第一次碰到主动求死的人，你难道一点儿也不怕死吗？"

赵孝诚实回答："我当然怕死。可是我和弟弟手足情深，他如今遭受危难，我这个做哥哥的怎能见死不救呢！我是个说话算话的人，只要你们放了我弟弟，随便你们怎么处置我！"

匪首非常欣赏赵孝，觉得他有情有义，实在难能可贵，所以决定不杀两兄弟了。他命令手下给两兄弟解开束缚，并让赵孝准备一些粮食，以此换他弟弟的性命。

赵孝于是去寻找粮食。可是，在这乱世之中，连草根、树皮都成了珍贵的食物，更何况是粮食呢！赵孝在外面寻找了一天，他什么吃的也没有找到，最后只能失魂落魄地回到劫匪那里。他请求劫匪放过弟弟，只杀他一人。意想不到的是，劫匪们居然放过了赵孝，他们敬佩赵孝是个言而有信的人。

也因为赵孝，这处的劫匪不再烧杀抢掠，放过了当地的百姓。百姓们得知是赵孝救他们于水火之中，在感谢之余，纷纷联名请奏朝廷表彰赵孝。

后来，赵孝以高尚的品行在仕途中节节高升，他的弟弟也靠寒窗苦读进入仕途。兄弟两人任职期间，始终保持廉洁公正的本性，为百姓们做下了很多好事。他们还将兄弟情深、含仁怀义的思想作为家风传承。

兄弟争狱，易成国之栋梁

郑湜是明朝洪武年间人士，他和哥哥郑濂几个兄弟争狱的故事广为流传。

当时宰相胡惟庸被明太祖朱元璋处死，因此被牵连获罪的亲戚、朋友、同党达到三万余人。在朝堂上，一些大臣互相攻击，借此铲除异己；在地方，官员们也是检举诬告，企图通过此案升官发财。郑家虽未卷入胡惟庸案，却被诬陷与胡氏一党有关系，被地方官府通缉。

其他家族为了摆脱官司，有的兄弟反目，有的父子成仇，可郑家六兄弟大不一样，居然争着去投案。郑湜年龄最小，却争着去认罪，说："我身为弟弟，怎能忍心让兄长入狱受刑？"于是，他不顾兄长几人阻拦，主动到官府投案，被押送到南京。

郑湜的二哥郑濂在南京，听闻弟弟将接受审讯，立即前去阻拦，认为自己是兄长，应当承担罪责。郑湜则认为哥哥年长，受不得刑罚，为此，二人争执起来。朱元璋听闻此事后，把二人召到御前问话，命人彻查此案，得知他们没有涉案，不仅还给他们清白，还将他们夸奖一番。

随后，朱元璋对群臣说："郑氏兄弟为了保护家人，讲情义，争相入狱，这样的家庭怎么会与胡惟庸串通谋反，自取灭门之灾呢？"他还提拔二人为朝中参议，加以重用。

郑湜兄弟因祸得福，这就是兄弟之间讲仁义与义气带来的福报。

推己及人，仁者唐临

　　唐朝时期，有一位铁面无私的法官名叫唐临（600—659）。事实上，他性情温和，平时与人相处时总喜欢推己及人，尤为宽宏大量。

　　唐临生活节俭，大到住所，小到吃穿，都很简单朴素。他在家中时，从不跟仆人摆主人姿态。仆人们犯错了，他总会站在对方的角度思考和看待问题。

　　一次，唐临当值时恰闻一位朋友去世，便准备下值后直接去这位友人家吊丧。不过他穿的衣服不合适，就命仆人回家一趟，为他取一件白衣服。然而，仆人太过马虎，拿错了衣服，又因为害怕被责骂而一直在门外徘徊，不敢见唐临。唐临知道后，不仅没有责骂仆人，反而还安慰他："今日天气不好，便不去吊丧了吧，等明日再去，你不用再给我取衣服了。"仆人听后，松了一口气，以为自己逃过一劫，孰不知这是唐临刻意说的。

　　还有一次，唐临患上风寒，就命仆人熬药。哪知仆人一时大意，将药熬糊了。唐临见仆人惊慌失措，连忙安慰："我已经好了，不用吃药了，你把这药倒掉吧！"

　　唐临不只对仆人体贴，对待犯人也会以己度人。

　　唐临在县城任官期间，有一年正值春种，监狱里关押了十几名犯人。这些犯人不是穷凶极恶的人，只是没有缴纳税租。唐临心想，这些犯人上有老下有小，如果不在春种时回家耕地播种，秋季就没有收成，到时候一家老小会饿死。所以，他恳求县令先放他们出去，等春种结束了再回来服刑。然而，县令不同意，他担心这些犯人会逃跑。

唐临慎重地说："大人，如果您不放心，我愿意为他们担保。只要有人逃跑，一切后果由我承担。"最终，县令同意放犯人们回家耕种。犯人们知道是唐临替他们求情、担保，心里既感动又感激，所以春种一结束，他们自觉回到监狱中服刑。

唐临做人做事有情有义，是一位真正的仁义之士。当时的皇帝听闻他的事迹后，就把他提拔为大理寺卿。

一次，皇帝查看刑犯的卷宗，发现往届的大理寺卿判决后，犯人们时常不服，个个都喊冤叫屈，唯独唐临判决的犯人心服口服，就连被判处死刑的犯人也都默不作声。皇帝好奇唐临是怎么做到的？唐临不卑不亢地说："只要秉公执法、实事求是，犯人就会心服口服。"皇帝听后，不禁感叹："如果每个法官都像你一样公正无私，天下就没有冤案了！"

唐临从官多年，在审判犯人时从不屈打成招，也没有造成过冤假错案，所以他的仕途走得很顺畅，在受百姓爱戴的同时，也深受皇帝的信任。用唐临的话说，"吾心怀仁义，故而无所畏惧"。他也将仁义作为家训，要求子孙后代务必学习、传承，所以唐临一脉出了许多文人武将。可见，有一个好的家风是多么重要。

为叔守家，不义之财分文不取

南朝宋文帝时期，有位股肱之臣名叫谢弘微（392—433）。他淡泊名利，不贪不占，高风亮节的品性令人无比敬佩。

谢弘微身世坎坷，在他很小的时候，父母就去世了。10岁那年，他被过继给堂叔谢峻。谢峻有爵位，财产也丰厚，但谢弘微并不贪图这些财产，他只对养父留给他的数千卷图书感兴趣。谢峻有个弟弟名叫谢混，他是朝廷官员。谢混见谢弘微小小年纪就能做到不贪财好利，不禁对他赞赏不已。

好景不长，谢混在朝廷斗争中死去。他的妻子是晋陵公主，即晋孝帝的女儿。晋孝帝勒令晋陵公主与谢家断绝关系并改嫁他人。尽管晋陵公主十分不情愿，但还是离开了谢家。

谢混的父亲和祖父都是宰相，几代人积累下了很多财富。晋陵公主离开时，将谢家家业全数交给谢弘微打理。

谢弘微丝毫不贪图叔叔的家产，他兢兢业业精心打理，哪怕买了一针一线，都要记入账目中。他的衣食住行，全都从自己家的账上走。谢弘微持家有道，几年下来，叔叔家的财产更多了。

后来，朝堂变天，新帝继位后剥夺了晋陵公主的封号，允许她重回谢家。谢弘微见到婶婶后，立马将这些年的账本拿给她查看。婶婶见谢弘微不贪图钱财，对他既感激又欣赏。谢家亲友们也为谢弘微的义行所震撼，有的还留下了感动的泪水。

谢弘微主动搬离叔叔家的大宅子，回到了自己的家。他几乎每日都来看望婶婶，帮助她处理家务。婶婶也极其信任谢弘微，依然将家中产业交给他打理。过了几年，婶婶去世了，家中只留下两个女儿。按照谢氏族规，谢弘微能拿走一大半的财产，尤其是房屋、土地等不动产都将由唯一的男丁谢弘微继承。让人意想不到的是，谢弘微不仅什么都没有要，还用自己的钱办理了婶婶的身后事。

正是因为他有仁有义的美好品行，皇帝对他委以重任。可惜的是，谢弘微42岁就去世了，这让欣赏他的皇帝悲痛不已。同时，他的仁义之德令族人深深敬佩，遂将这一品德列为家训，作为世代传承的家风。

糟糠之妻不下堂

宋弘（？—40），东汉初期人。他才华出众，品德高尚，备受光武帝刘秀的器重和欣赏。

正因为这样，刘秀的姐姐湖阳公主看中了宋弘，想召他为驸马。刘秀耐不住姐姐的软磨硬泡，答应帮她试探宋弘的意思。一天，刘秀将宋弘召进宫中，旁敲侧击地问道："人们说，升了官就要换朋友，发了财就要换老婆，这是人之常情吗？"

宋弘回答："无论贫贱富贵，都不能忘记朋友；哪怕妻子老得像糟糠，也不能抛弃，另觅新欢。"刘秀知晓宋弘的真实想法，不好再说什么，并劝姐姐不要强求。湖阳公主见此，只好作罢。

为什么宋弘不肯抛弃妻子另择高枝？是因为妻子救过他，更因为两人共过患难。其实，宋弘与妻子郑氏相识于微时，微时的陪伴与支持，让两人的感情甚是笃深。当初，刘秀势单力薄，被王郎一路追杀。在一次战斗中，宋弘不幸负伤，不能继续行军打仗。刘秀没有办法，只好将他安置在附近村庄中一户姓郑的人家。这户人家善良淳朴，知晓刘秀大军仁义，十分厚待宋弘，每天好吃好喝地招待，细心周到地加以照顾。

这家有一个女儿，长得不算漂亮，但为人大方、善解人意，每天都细心地煎汤熬药，对宋弘关心备至。宋弘深受感动，日子长了，对郑氏生了感情，娶她为妻。此后，夫妻两人恩爱有加，相互扶持。

宋弘此后跟随刘秀打天下的时候，郑氏负担起照顾家庭的重担，成为他的贤内助。宋弘虽然有不少俸禄，但他的生活简朴，将大部分俸禄用于接济贫穷的亲戚、邻居、百姓，自己则家徒四壁，没有一点积蓄。郑氏也没有一丝怨言，勤劳地操持家务，支持丈夫的行为。

"糟糠之妻不下堂"，道出了宋弘的仁义与忠诚。宋弘不弃糟糠妻，受人称赞，成为美谈。

第二章

妇贤淑良，家兴门旺：贤为内助，家有宏图

女子贤，家业兴。从古至今，但凡有点智慧的男子，都以能够娶到具备良好品德的女子为荣，因为每一个成功的男性背后，都需要站立一位伟大的女性。那些只重色而轻德的男子，从历史发展来看，不是家破，就是国亡。

家有贤母，必有良臣

古人常说："家有贤母，其子不逆""家有贤母，必有贤子"。母亲的德行，直接影响子孙后代的言行、修为与成就。在家风的形成与传承方面，母亲的作用更为显著。综观古代历史，凡是能齐家治国平天下的贤人、能人，大多深受母亲思想的熏陶。因此，人们敬佩那些家教有方的母亲，并歌颂她们的贤良与伟大。

田稷的母亲就是一位贤母，她教导儿子不取不义之财，敲打做错事的儿子，让田稷终成一代良臣贤相。

田稷，在齐宣王时被任用为国相，很能干，也受到齐宣王重用。田稷做国相的第三年，一位大夫渎职，担心被处罚，便乞求田稷在齐宣王面前为自己说好话，为此还送给他百镒①黄金作为谢礼。田稷开始拒绝了，但耐不住这位大夫的纠缠，又听说这是孝敬母亲的，便收下了。

回到家中，田稷先向母亲请安，然后高兴地拿出这一百镒黄金，双手奉上，说："这是孩儿孝敬母亲的。"

田母看到黄金，脸上没有露出一丝高兴，反而担忧地询问："你做了三年国相，俸禄始终都没有涨，这些黄金是哪里来的？"

田稷畏惧母亲，不敢隐瞒，只能实话实说。田母听后，正色地说："我听说士人应该严于律己、洁身自爱，不取不义之物，坦荡磊落，不做诈伪的事情。你接受贿赂，为别人开脱罪过，破坏国家法度，这叫不诚不义！作为子女，你以母亲之名受人不义之财，就是陷至亲于不义。你不诚不义，

---

① 古代重量单位，一镒合二十两（一说二十四两）。——编者注

不忠不孝，不是我的儿子。你走吧！"说完，田母扶着拐杖，羞愤地回到房内。

田稷满脸羞愧，立即将黄金退还给那个大夫。第二天，田稷面见齐宣王，恳求治自己的罪，罢免自己的国相。齐宣王了解了事情原委之后，对田母的贤良风范称赞不已，并亲自到田府探望。

事后，齐宣王对群臣说："有贤母必有良臣。相母如此贤良，何愁齐国不吏治清明！"说罢，不仅赦免了田稷，让他继续为相，还亲自赏赐田母黄金和布帛。很快，事情传来，百姓无不对田母仰慕不已，并称颂田稷的光明磊落、知错能改。

之后，田稷谨遵母教，更加洁身自好、恪守德行，终成一代名相。贤母良臣，凸显了好家风、好母教的重要性，也让这个故事流传至今，成为美谈！

教子正道，是一生之事

欧阳修（1007—1072）幼年丧父，他的母亲是一位坚强、质朴、有见识，又善于教育子女的贤良母亲。父亲去世那年，欧阳修刚满5岁，由于家境愈加贫寒，母亲只好带着他投奔叔叔。

虽然一家人身陷困境，但是欧母仍不忘教欧阳修读书识字，读唐代诗人周朴、郑谷的诗作以及当时的九僧诗，教他为人处世的道理。因为叔叔家也不富裕，欧母又一心想让欧阳修多多学习写字，所以就用荻草秆代替笔，在地上铺一些沙当作纸，一笔一画地教他写字。

在母亲的教导下，欧阳修热衷于读书、写诗，10岁的时候，经常到附近藏书多的人家借书，还把借来的书抄录下来。往往书没抄完，他已能背诵。24岁的时候，欧阳修到东京参加进士考试，高中进士，声名逐渐传播开来。

欧母虽然为儿子学有所成高兴，但是并不忘对儿子的教导，时常给他讲父亲如何正直廉洁、不谋私利、体恤百姓疾苦，希望他能以父亲为榜样。

欧阳修当官后，欧母语重心长地对他说："你父亲做司法官的时候，常在夜间处理案件，只要涉及寻常百姓的案件，都慎之又慎，反复查看、核实。凡是能从轻的，都从轻判处；不能从轻的，也是深表惋惜。"

"你父亲做官，奉公廉洁，不谋私利，而且时常用钱财接济别人。即便俸禄不多，也从来不吝啬钱财。他说不要把金钱变成累赘，以至他去世后都没有留下一间房、一垄地。你父亲去世前，曾让我教导你：不要贪财图利，不要过分追求享受，还要有做人的良心。你一定要记住啊！"

欧母时常用欧阳修父亲的事迹、遗言来教导儿子，让他时刻铭记家训、家规。因此，欧阳修始终秉承父亲的为官之道，并注意自己的言行，恪守自己的德行。虽然他官位不高，却关心百姓和朝政，敢于直言，忠于国事。

范仲淹积极推行新法，因得罪权臣吕夷简而被贬职。欧阳修十分气愤，写信斥责作为谏臣的高若讷，因此也遭到贬职。欧母并没有抱怨，而是宽慰他说："你因为伸张正义而被贬，是一件光彩的事情。我们家过惯了贫寒的日子，即便你不当官，也没什么。只要你精神振作，对得起良心，对得起忠义，我就非常高兴了！"

欧阳修为官秉正，淡泊名利，不随波逐流，一生都坚持正道，胸怀坦荡。这一切与欧母始终如一的教诲、熏陶密不可分，也与父亲传承下来的家教、家训分不开。

当然，欧阳修也极为重视家风的传承，平时就严格地指导儿子们如何为学、为人和做事。更为重要的是，他还举荐和引导了许多杰出人才，让家风走出一家之门，影响了一个王朝，影响了后世无数人。

当簪择友，福遗子孙

清代进士李拔（1713—1775），以清廉著称，乾隆年间中了进士，历任多地知府道台，政绩斐然。李拔治家也非常严谨，以清、慎、廉的为官治家之方闻名于世，其品质和精神被誉为"榕为大木，犹荫十亩"，至今流芳后世。

李拔的家风，源于其母亲周氏。李拔的父亲长期忙于生计，无暇顾及家庭，李拔以及两个兄弟都是由母亲抚养长大成人的。

周氏是塾师之女，知书达理、贤惠且能持家。她不仅担当起养家、维持生计的重任，还严格教导李拔兄弟读书、为人、做事。她每天都督促李拔兄弟刻苦读书，教育他们勿忘修身齐家治国平天下。

李拔15岁的时候，周氏看到儿子颇有天赋，却因家境艰难得不到名师指点，便想办法让他结交益友。为了让李拔结交益友，她挑选远近品学兼优、才德兼备的学友与李拔共同学习，还典当自己的簪子，也是家中唯一值钱的东西，以典资来招待这些学友。李拔知晓母亲的良苦用心，倍加勤奋，耕而不废读，18岁考中秀才，后来中举、中进士，开始了仕途之路。

在母亲的教诲下，他为官清正，身体力行，终其一生，居官服政，五次被乾隆皇帝召见，被誉为"一代循吏""李青天"。

父母去世后，李拔亲自立下家规，以孝悌、勤俭、敬法、治心、修身为精髓。在家风的熏陶下，李拔的儿子李元模和两个孙子李锦源、李濂也都勤勉好学，考中进士，号称"犍为四李"。李氏后人也将家风传承下去，在清朝先后又有六位后人为官，个个如李拔一般，勤政清廉。

义母崔氏，促子清廉

清河（今河北省故城县）崔氏是魏晋隋唐时期的名门望族，出了很多德才兼备的能人。隋朝清廉的地方官郑善果（569—629）的母亲，便是身崔氏后人。

崔氏13岁嫁给郑诚，生了郑善果。郑诚勇冠三军，却在平叛之时战死沙场，当时崔氏刚刚20岁，如此青春年华，却要孤苦度过一生，实在让人唏嘘。她的父亲崔彦穆可怜女儿命苦，便劝她改嫁。

崔氏听了，毅然拒绝，说："我夫君虽战死，但我还有儿子。抛弃年幼的儿子，这是不慈爱；背弃故去的丈夫，这是无礼。我宁愿割耳截发，也不敢听从父亲的命令。"崔彦穆见女儿如此坚定，就不再勉强。

之后，崔氏悉心教导郑善果，郑善果也天资聪颖，九岁时就承袭了父亲爵位。14岁的时候，他被任命为鲁郡太守，成为当朝非常年轻的地方官。

崔氏并不满足，不但不放纵儿子，反而严加管教。每次郑善果处理公务，她都坐在屏风后静听和观察。如果郑善果判断得合乎情理，她感到高兴和欣慰；若是办得不恰当，判案不公，便唉声叹气，蒙着被子抱头哭泣。

她对郑善果说："你父亲生前为官清廉，恪尽职守，从来不谋私，我希望你继承父亲的遗志，立身行事，正直无私！我只是一介妇人，虽然慈爱，却缺少威严，导致你不知礼教，不守父训，长此以往，又怎能担负家国大任？如果你对外损害国家大事，对内有辱家风，我死后还有什么颜面见你的父亲和先人？"郑善果听完，跪地叩头，之后处理公事时更谨慎公正。

崔氏平时生活非常节俭，即便郑善果有很多俸禄，她仍亲自纺纱织布，常常到深夜。郑善果疑惑不解，崔氏便教导他要清廉，不要好逸恶劳，还对他说："俸禄是朝廷给的，应将多余的财物救济亲人百姓。这是你父亲生前的愿望，你要谨记在心，并时刻警示自己！"

在崔氏的经常督促下，郑善果谨遵母训，谨记父亲遗愿，终留清廉的美名！

慈母谆告，清清白白

陶侃（259—344）是东晋名将，在建立及稳固东晋政权上立有大功。他能够有此建树，全赖于他母亲湛氏的谆谆教诲。湛氏就像一盏明灯，在陶侃行将踏错之时，将他牵引到正道。

湛氏知礼仪，讲道理，是一位不可多得的贤妻良母。对于陶侃的教导，她向来亲力亲为，以身作则。她告诫陶侃，要多结交品德高尚的朋友，多学习别人的优点。每当陶侃的朋友来家中做客时，她都会热情招待，让客人宾至如归。

一年冬天，屋外飘着鹅毛大雪，陶侃的同窗路过他家，想要借宿几日。这位同窗的马儿饥肠辘辘，可屋外天寒地冻，根本找不到草料，湛氏便把自己铺床用的稻草席子切碎了喂给马儿吃。又因为家中贫寒，实在拿不出像样的食物招待客人，她就剪了自己的长发换来银钱，买来一些酒菜。陶侃的朋友们被他母亲的真诚所感动，更加真心地对待陶侃。

陶侃步入仕途后，湛氏对他的教导更为严厉，告诫儿子务必清白做人、廉洁为官。

一次，陶侃负责监管捕鱼的工作。他见捕捞上来的鱼儿又大又肥，数量又多，就拿了几条回家尝尝鲜。湛氏知道后勃然大怒，命令他立刻将鱼送回去，说作为官吏，一定要公私分明，克己奉公，不能贪图官家的东西。湛氏的一番话令陶侃羞愧不已，连忙将鱼送了回去，并发誓以后要当一名公正廉洁的好官。

陶侃因政绩出色，被升任其他地方的官员。临行前，湛氏送给他三样东西，分别是一块土、一个素色的碗和一块普通白布。

陶侃看到这三样东西后，立即明白了母亲的良苦用心：这块土是在提醒他不要忘了故乡；这只碗是在提醒他要保持本色，不要被荣华富贵迷了眼；而那块普通白布则是在提醒他要做一名清清白白、两袖清风的好官。

俗话说得好，言传身教树正气。湛氏以身作则传承良好家风，陶侃也不负母亲所望，将清清白白的为官之道刻在骨子里，不管做的官有多大，始终不忘初心。

近墨者黑，孟母三迁

孟母三迁，家喻户晓，讲的是环境影响人的德行的故事，更是孟母严格教子、塑造儿子良好品行的故事。

孟子（前372—前289）很小的时候，父亲便去世了，母子俩生活贫寒，只能住在一处离墓地很近的村舍里。因为时常有出殡送葬、祭祀上坟的队伍经过，孟子和小伙伴们便耳濡目染，学起了大人跪拜、哭嚎的样子，甚至以一起到墓地玩哭丧上坟的游戏为乐。

孟母见到后大惊失色，感觉这里不适合儿子居住，否则他将来很难安心读书、学有所成，当即决定搬离那里。

孟母搬到一个集市的旁边，靠近屠宰猪羊的摊位。孟子逐渐熟悉了周围的环境，时常跑到集市玩耍，慢慢地又学会了小商贩的样子沿街叫卖，和人讨价还价，还扮作屠夫，学着宰杀泥捏的猪羊。孟母看到后，认为长久下去，孟子很快便会沾染市侩之气，便又搬离了。

这一次，孟母把家搬到一个学宫的附近。这个学宫是当时朝廷兴办的大学，每天都会传来学子朗朗的读书声。每月夏历初一，学子官员都会到文庙，行礼跪拜。来到这里后，孟子被读书声吸引，便时常跑到学宫门前张望，喜欢上了读书，有时还会有模有样地跟着老师学习礼仪。他还与小伙伴们用泥巴做成杯盘盆鼎等各种礼品，在院子里学习祭祀彬彬有礼的样子。孟母见到，非常高兴，欣慰地说："这才是适合孩子居住的地方。"母子俩最终定居在那里。

教子，要言传，要身教，更要为孩子营造良好的环境，因为自然环境和社会环境都将直接影响人的一言一行，更影响人的思想和品性。所谓"近朱者赤，近墨者黑"，就是这个道理。孟母深知这个道理，所以为了给孟子营造一个良好的生活学习环境，教导孟子守秩序、懂礼仪、好学习，不惜三次迁家。

孟母的引导和教育形成了良好的家风，所以孟子之后勤读书、修德行，终成一代大儒，其思想影响后世无数人。

先利人后思己，慈母大义

春秋战国时期，楚国有一名将叫子发，他在战场上屡打胜仗。他的成就离不开母亲的教育，因为母亲深明大义，时常教导他要先利人后思己，这样才能受士兵们的拥戴，稳固军心，打胜仗。

一次，秦楚两国交战，子发被楚王任命为主将。子发挂念母亲，就派了一名士兵替他回家看看。子发的母亲见到士兵后，连忙问他前线的士兵们过得怎么样？这名士兵摇摇头，叹息说："我们过得太苦了，每天都吃不饱，现在粮仓里只剩一些豆子，每天只能分到一小把豆子，大家都一粒一粒数着吃。"

子发的母亲听后，不禁露出焦急的神情。她又问起儿子过得怎么样，士兵想了下，说："老夫人您放心，我们将军过得很好，每天都能吃上米饭和鱼肉，苦了谁也不能苦了将军啊！"

士兵心想：这下老夫人应该能放心了。哪曾想，子发母亲脸上的忧虑更重了。

这次交战，子发打了胜仗，凯旋回朝。他带着楚王的赏赐匆匆往家赶，想同母亲分享他打胜仗的喜悦。然而，他到了家门口后，不仅没看到母亲迎接他，大门也紧闭着。子发心里疑惑，他一边敲门，一边大喊："母亲，我回来了。"他喊了很久，也没见母亲开门。

子发的母亲隔着门对子发说："当年越王勾践讨伐吴王夫差时，有人献给他一坛美酒，他将酒倒入江中，邀士兵们同饮下游的水。士兵们没有尝到一丝酒味，可上了战场后，各个勇猛无敌。后来，又有人献给勾践一袋干粮，他把干粮分给士兵们。那点干粮都不够士兵们塞牙缝的，谈何吃饱，可是他们上了战场后，各个骁勇善战。"

子发听完后，羞愧地低下头颅，明白了母亲说这番话的用心。他诚恳地说："母亲，我知道错了，我不该在打仗的时候自己顿顿有鱼有肉，却让士兵们饿着肚子，我应该先顾着他们，后想自己。"

母亲这才开了门，让子发回了家。自此，子发总是设身处地地为手下兵将考虑，这让他在军中威望极高，兵将一心，又怎能不打胜仗呢？

综观历史，但凡有建树、有出息的名人，无不深受母亲的教诲和熏陶。子发有一位注重且擅长教育的母亲，子发也谨记母亲的教诲，因此母亲的教导对子发产生了极为深远的影响。

患难夫妻，不放弃，不抛弃

春秋时期的虞国（今山西省平陆县北），有一个才华横溢人叫百里奚（约前725—前624）。虽然百里奚饱读诗书、才学过人，但无奈家境贫寒，再加上虞国宗法制度森严，平民不被允许入世为官，他只能空怀一腔抱负与才学。

百里奚的妻子杜氏很有见识，深知丈夫胸怀大志，且是旷世奇才，就鼓励他周游列国求仕。百里奚与妻子很恩爱，儿子又刚出生，他舍不得丢下他们母子。杜氏说："你有旷世的才能，不趁着年轻去干一番大事业，难道等年老再去吗？"

临行之时，杜氏煮了小米饭，并将家中仅有的老母鸡宰杀了，想为百里奚做一顿丰盛的饭菜送行。可惜，家中连一把柴火都没有，杜氏毫不犹豫，劈了门闩，起灶炖鸡。百里奚百感交集，踏上远行之路。

转眼已是三十年后。百里奚历经艰辛，终于成为秦国的丞相。其间，杜氏和儿子因为战乱也离开家乡，一边逃荒，一边寻找百里奚，只能靠乞讨、为人洗衣谋生。后来，杜氏来到秦国，进入相府成了洗衣妇。一天，百里奚在府中宴请宾客，好不热闹。杜氏凑过去看热闹，远远望去，发现高堂上的丞相与自己失散多年的丈夫非常相似。

为探明真相，杜氏在堂下唱道："百里奚，五羊皮，熬白菜，煮小米，灶下没柴火，劈了门闩炖田鸡。"百里奚听到，当即跑到堂下，激动地与妻子相认。两人抱头痛哭，诉说着离别之苦。此后，百里奚与杜氏恩恩爱爱，彼此尊重。秦国人听闻这件事情，为百里奚夫妇的品质所感动。秦穆公还派人送来财宝馈赠，以示祝贺。

百里奚与杜氏，贫贱不弃，富贵不忘，后人无不感叹称颂。富贵不忘的百里奚值得称颂，贤惠淑良、与丈夫患难与共、理解和支持百里奚的杜氏更难能可贵！

见微知著，慧者知机

伯宗（前?—前 576），春秋时期晋国的大夫。他满腹经纶，能言善辩，常常与同僚高谈阔论，针砭时弊。有时，在外面未尽兴，回家还会与妻子议论。可他喜好直言，不懂隐藏锋芒，且盛气凌人，因此很容易得罪人。

伯宗妻子是一位聪明、贤淑的女子，深知伯宗的秉性，便时常告诫他："小偷憎恨主人，百姓爱戴明君。有人喜欢好人，一定会有人憎恨、嫉妒好人。你应该改掉直言不讳的毛病，否则一定会被人厌恶，还会招来祸患！"伯宗不以为意。

一天，伯宗满面春风回到家，妻子见状忙问："你为什么如此高兴？难道有什么喜事？"

伯宗回答："在朝堂上，我发表治国之道，受到国君的称赞，大夫们也说我很像当初的阳处父大夫。"

阳处父是晋文公重耳的重臣，被任命为顾命大臣，后因锋芒毕露、过于直言，遭到权贵们的忌恨，后来因为得罪了狐射姑，被其害死。伯宗妻子知道阳处父的下场，听到伯宗如此说，顿时大惊失色，告诫道："阳处父是很有才华，但是你忘记他是怎么死的了吗？别人说你像阳处父，这有什么可高兴的？你只顾着凸显自己的高明，过于直言，过于露锋芒，只会招来他人忌恨！"

伯宗仍不以为然，还召集几位大夫饮酒交谈。宴席之上，大夫们满脸笑意，不住地奉承伯宗。可酒过三巡，菜过五味，这些人的笑容便消失了，纷纷指责他恃才傲物，目中无人，蛊惑君心，扰乱朝纲，一定会得到阳处父一样的下场。

第二天，伯宗妻子向他说起几位大夫酒后吐真言的事，并告诫他以后说话做事都要谨慎小心，否则就要大难临头。伯宗听了，收敛了许多，可没多久，又开始肆无忌惮起来。妻子深感忧虑，多次好言相劝，他都不肯听从。

为了防范于未然，她恳请伯宗找亲信之人保护儿子州犁。伯宗为了让妻子放心，找到了好朋友毕阳。在她的拜托之下，毕阳开始结交楚国的贤士大臣，并受到楚共王的赏识。

当时，晋国朝政被邵氏把持。邵氏三兄弟飞扬跋扈，独断擅权。众大臣或敬而远之，或逢迎，伯宗却直接向晋厉公进言，恳求罢免邵氏族人，抑制邵氏的权势。邵氏兄弟听说后，对他恨之入骨，向晋厉公进谗言，说他嘲讽国君忠奸不分。

晋厉公大怒，当即斩杀了伯宗，之后为了斩草除根，还四处捉拿州犁。幸好，有伯宗妻子和毕阳的筹谋，州犁才逃到楚国，幸免于难，被楚共王封为太宰。

伯宗家门得以保存，完全得益于妻子的见微知著。她从伯宗的秉性言行断定他必将招来祸患，因此屡次劝诫他，并及时为儿子安排好退路。否则，伯宗恐怕就要遭受灭门之灾了。其子州犁，能被封为太宰，也幸得母亲教导，谨遵温良、谨慎，不露锋芒。

可见，伯宗妻子真的是贤良之典范！

大义齐姜，舍爱遣夫成就霸图

晋文公重耳，春秋五霸之一。从狼狈逃亡到登上晋国君位，再到称霸于天下，他得益于天时、地利，更得益于身边贤士的忠心耿耿。这些贤士，有赵衰，有狐偃，有先轸，也有魏武子、介子推。

事实上，除了以上这些人，还有一个人也是重耳成就霸图的最大助力，那就是他的妻子齐姜。

重耳是晋献公的儿子，因受到父亲宠妃骊姬的陷害，被父亲追杀，逃亡到母亲的祖国狄国。后来，弟弟夷吾当上了晋国国君，他又遭到追杀，不得不再次外逃，逃到齐国。齐桓公对他十分重视，亲自迎接，还将宗室女齐姜嫁给他为妻。

齐姜是一位有见识、聪明又贤惠的女子，两人成亲后恩爱和满，过上了幸福的生活。经历了流亡的苦，被追杀得胆战心惊，好不容易获得一个安适的环境，又有美妻在怀，重耳慢慢地迷失和放纵了，只求安乐的生活，早已忘却了雄心壮志、国家安危、创立伟业。

赵衰等人万分焦急，便商议着想办法说服重耳。可是，重耳每天都和齐姜在一起，他们连他的面都见不到。一天，几人在一棵大桑树下商议，决定采取强制措施，以打猎为名将重耳骗出，然后强行带他回晋国。

谁知几人的密谋被齐姜的侍女听到，并告知给齐姜。齐姜也不想重耳整日贪图安逸，于是劝他放弃眼前的舒适，成就一番大事业。无奈，重耳只是懒洋洋地说："人的一生，不过图个安乐，我好不容易安定下来，何必每天苦苦奔波，追求那些身外之物？我已经决定在齐国度过这一生了！"

齐姜十分气愤，义正辞严地说："您贵为一国公子，因为逃命才来到齐国，您的随从谋士誓死相随，跟随您流亡在外近二十年，而您却不想办法返回晋国，挽救国家，成就大业，只是一味沉醉于享受与安乐，我真的为你感到羞耻！"

齐姜还把赵衰等人的密谋说了出来："您的随从在桑园密谋，想将您强行带离齐国。我唯恐泄露秘密，已经将那些侍女处死了。如果您辜负天意，将来一定后悔莫及！"

然而，任凭齐姜如何好言相劝，重耳始终无动于衷。

这期间，齐姜并没有放弃，而是积极想办法为重耳谋划打算，结交齐国的贤能和大臣，还请求齐桓公派大军护送他返回晋国。无奈，齐桓公当时已垂垂老矣，不愿再动干戈，始终未能答应。

于是，齐姜主动找到赵衰等人，趁机把重耳灌醉，然后让他们把他捆绑起来，趁着夜色抬上马车，离开了齐国。

重耳离开后，齐姜并不好过：一方面独守空闺，饱受相思之苦；另一方面，还得四处周旋，为他掩饰和解释，以免齐桓公和众大臣心存芥蒂。好在齐姜的大义牺牲有了回报，在赵衰等人的协助下，重耳努力拼搏，终于夺下晋国的政权。

此后，齐姜成为晋文公的贤内助，与其他夫人和睦相处，使得晋文公无后顾之忧，专心国事，终成就一番霸业。

齐姜，明大义、有远见，亦成为贤良典范。

乐羊子妻劝夫路不拾遗，相夫孝母

汉朝有一个名叫乐羊子的人，娶了一位十分贤德的妻子。

一天，乐羊子在路上拾到一块金子，回家交给妻子。虽然当时家中贫困，但妻子仍劝他不贪他人的钱财。"我听说有志气的人不喝盗泉的水，清廉的人不接受别人的施舍。捡到别人遗失的钱财，不归还，是败坏德行。现在失主肯定正着急地寻找，你应该把它们放回原地。"乐羊子非常惭愧，听了妻子的话，把金子放回原地。

后来，乐羊子到远方求学，不过一年就回家了。当时妻子正在织布，惊喜地问："你的学业完成了吗？"乐羊子摇摇头，说："没有，我离开家太久了，想回家看看。"

妻子听了这番话，拿起剪刀，把正在编织的布全部剪断，然后说："这布是蚕丝一丝一丝地织成的，先成寸，才成尺，再成一匹布。现在我把它剪断，就是前功尽弃了。你外出求学，也应该认真研读，日积月累，才能有所成就。现在，你外出仅一年，未学有所成，因为想家就半途而废，岂不是白白浪费宝贵的时间？"

乐羊子觉得妻子说得有道理，又外出求学，这次一去七年，直到学成才回家。后来他被魏文侯拜为大将，成就一番事业。这七年间，他的妻子辛勤劳作，靠织布维持生计，奉养婆婆。不过，靠织布换来的钱毕竟不多，只能勉强糊口，她很少能给婆婆买好吃的。

一天，邻居家的鸡跑进他家菜园，婆婆起了贪心，竟把鸡杀掉，想要煮了吃。妻子知道后，悲伤地哭泣起来。婆婆询问她为什么哭，她说："是我不好，不能给您弄来好吃的，导致您吃了别人家的鸡，我为自己的无能而哭！"婆婆羞愧地红了脸，不再吃鸡了，将其还给邻居并道歉，此后再也不占便宜。

乐羊子妻才识过人，德行高尚。她劝乐羊子不贪钱财，激励他坚持学业，不半途而废；同时，她又勤劳贤惠，不但细心照顾婆婆，还劝婆婆不贪别人便宜，保持德行。乐羊子一家，有如此贤妻，实在幸运，家门如何不旺？！

贤妻辅许允，见识过人

三国时期，名士许允（？—254）的妻子阮氏是有名的丑女。古代男子，十分看重相貌，何况许允这样的名士，娶了丑女，又怎会甘心呢？

因此，许允虽然与阮氏拜了堂，但自从看到她的相貌后便百般厌恶，甚至连婚房都不愿进。一天，好友桓范前来拜见，在他的劝说下，许允这才愿意见阮氏，但是坐不多时，又急着离去。阮氏知道他这一离去以后便不会登门，急中生智，拉住许允。

许允无奈，只好留下，但想要为难她，于是问道："古代圣贤说女子应该有四德，即妇德、妇言、妇容、妇功。这四德之中，你有哪几项？"

阮氏说："我兼备了三德，只是容貌稍微差一些而已。我也听说古代圣贤说过，士有百行，敢问夫君又具有哪几项呢？"

许允回答："百行皆具备。"

阮氏说："这百行以德为首，夫君好色而不好德，怎能说百行皆备呢？！"许允被问得理屈词穷，又感叹阮氏才华出众，从此不再排斥与她接触。日子长了，两人感情也愈加好了起来。

后来，许允升迁为吏部郎，因为引荐同乡，被魏明帝曹叡质疑营私舞弊、任人唯亲，于是将其收审拷问。听到这个消息，全家人惊恐不已，不知所措，只有阮氏非常冷静，对他说："陛下是明主，你可以和他讲道理，不必苦苦哀求。"果真，明帝如阮氏说得那样明理，发现这些人都是德才兼备的人才，随即赦免了许允。明帝见他衣着破旧，知道他是清廉的官员，还特赐了一套新衣。

许允非常高兴地回到家。等他到家之后，他发现阮氏已经熬了一锅粟米粥，正等着他吃饭呢。

后来，李丰、夏侯玄密谋诛杀司马昭，事迹败露，被灭三族。许允之前曾劝说曹芳诛杀司马昭，讨伐司马师，因此心中惶恐不安，担心被牵连。没多久，朝廷调他去当镇北将军，他以为自己安然无事，便高兴地对阮氏说："我终于幸免了！"

阮氏却不这样认为，说："这是灾祸的开始，怎能说幸免了呢？"因为她早已看穿司马氏的野心与狠毒，许允为人正直敢言，怎会免于灾祸呢？果然，许允还没上任，便被司马师找了理由定罪，后来死在流放途中。

许允死后，有人跑来告知阮氏。当时阮氏正在织布，神色不变，说："我早料到这一天啊！"门生担心司马氏斩草除根，便想把许允的儿子藏起来。阮氏谢绝了，镇定地说道："他们不会有事的。"随即与儿子迁到许允的墓地居住。

后来，司马师不放心，生了斩草除根之心，于是派人查看，吩咐如果发现许允的妻儿有才德，就趁机杀掉他们。

阮氏知晓司马师的用心，交代儿子不必太担心，但也不要耍小聪明，只要老老实实地回答就好了，还告诫他们可以哭，但是不要太悲伤，也可以问些朝廷的事。儿子们照做，果然平安无事。在阮氏的教导下，儿子们平安长大，颇有学识才能，后来一个官至司隶校尉，另一个官至幽州刺史。

阮氏虽然容貌奇丑，却聪慧明达、见识过人。她不仅凭借聪慧与贤良，成为许允的贤内助，还凭借非凡的能力和见识，在魏晋这样的乱世，为儿子免于祸端，重新光大了门楣，复兴了家族。

因此，阮氏也成为古代才德出众的贤妻之一，名扬千古。

太守夫人明理聪慧，妙计保夫

李衡，出身贫贱的兵卒之家，凭借才能，成为三国时期吴国的尚书郎。后来，他因为性格刚直、敢于进言——劝说孙权诛杀任意弄权的吕壹而名声大震。

后来，李衡当了丹阳太守（今安徽宣城），孙权的第六个儿子孙休被封为琅琊王，住在虎林（今安徽马鞍上一带）。孙权去世后，孙亮登上帝位，孙休被迁往丹阳郡。孙休倚仗自己的高贵身份，常做一些不法之事。李衡不避权贵，多次对他加以处罚，且毫不留情。

李衡妻子习氏贤惠而有见识，深知李衡这样做必将招来祸端，便劝他明智一些，不可把事情做绝。李衡不以为意，多次对孙休无礼侵扰。孙休无奈，只好请求离开丹阳，迁居他处。

后来，孙亮被废，孙休被拥立为帝。听闻消息，李衡吓得日日坐立不安，担心孙休报复自己。他苦恼地对习氏说："当初我没有听你的劝告，现在真的是追悔莫及啊！与其被问罪，不如远走高飞。我们去投奔魏国吧，你觉得如何？"

习氏连连摇头，劝说道："绝对不行。当初你只是一介贫民，先皇把你一步步提拔起来，并委以重任，这是吴国有恩于我们。之前你三番五次对琅琊王无礼，现在他当了皇帝，你因为害怕被问罪而投敌叛国，岂不是被人唾骂？！即便去了魏国，恐怕也被人厌弃啊！难道你想一生都背负投敌叛国的罪名？"

李衡心中焦急不已，感叹道："难道我就白白等死吗？"

习氏灵机一动，想出一条妙计。她对李衡说："我听说琅琊王很爱惜自己的名声，现在当了皇帝肯定更是如此，你可以把自己关到监狱，主动承认罪过，请求皇帝的处罚。这样，不但能保住性命，还可能得到提拔！"李衡按照习氏说的去做了。果然，孙休不但没有问罪于他，还提拔他为威远将军。

习氏聪慧又有见识，先是劝夫明智做事，再妙计保夫，可谓贤妻！

有贤妻，夫才少祸，家族才平安兴旺。后来，李衡置办家产，习氏严加保密，不让儿子、家人知晓，以免其养成贪图享受之风气。李衡去世后，儿子在习氏的教导下积极上进，李家也成为当地的鼎盛家族。

良

立世的智能
与根基

第三章

知礼守礼，治家根基：贫有其乐，富不忘礼

　　一个人如果不注重礼仪，很难在社会上立足。礼仪的养成并不容易，历代家风告诉我们，这需要从点滴的生活细节中积累和沉淀。孔子所说的"富而好礼"，就是对"礼"的一种忠诚和坚守的表现。无论一个人多么成功，都不能忘记自己的起点和本源。只有时刻铭记礼仪的重要性，才能保持谦虚、温和的态度，不至于使自己走着走着，就迷失了方向。

礼贤下士，才有朋众相帮

礼，是修养，是家风的核心。一个家族，知礼守礼，把礼当作家风、家训传承下去，才可以治家兴家。

孟文伯，鲁国大夫穆伯的儿子，只可惜在他年幼时，父亲便去世了。文伯渐渐长大，进入鲁国一所贵族学堂，学友们不免攀比，把人分为三六九等。文伯因为身份尊贵，受到吹捧和奉承，慢慢地养成了高傲无礼的习性。

一天，文伯回家探望母亲，几个学友跟随他回家，对他毕恭毕敬，言听计从。文伯走在前面，几个学友便像随从一样跟在后面，亦步亦趋，甚至不敢与他同站一阶。文伯似乎想在母亲面前炫耀，于是愈加趾高气昂，对学友颐指气使。

他的母亲敬姜见此，把他叫过来训斥道："你太傲慢无礼了！他们都是你的同学，与你地位平等，你怎能如此无礼地对待他们？之前武王礼贤下士，聆听众人意见，所以才能成就大业；周公礼贤下士，有时多次停下用餐接待客人，甚至多次中断沐浴迎接客人，所以得到天下贤人。这两位圣人都能谦恭有礼，你年少无为，地位低下，怎能如此傲慢无礼？这实在太愚蠢啦！"文伯深感羞愧，当即向学友们赔礼道歉。

文伯母亲并未罢休，之后还时常叮嘱和教导他，让他彻底改掉无礼的恶习，要对同学、朋友以礼相待——不管对方身份、地位如何，是否不如自己，都以礼相待。在母亲的谆谆教诲下，文伯始终以礼待人，并以讲礼法的长者为师，结交贤良有礼的朋友。所到之处，无论是白发苍苍的老者，还是年龄幼小的孩童，他都能以礼相待。后来，文伯学问越来越深，德行越来越好。正是这样，文伯得到人们的尊重，也得到朋友的支持和帮助，终成鲁国宰相。

刚直教子，四子皆大成

唐朝大臣穆宁（716—794），治家有方，家风良好，上自父亲、家姐，下至四个儿子，一家人始终和和睦睦，相亲相爱，堪称一代好家庭。

穆宁本性刚正，讲气节，讲礼法，始终秉持严谨治家的原则。他严厉教导四个儿子，让他们谨守忠孝之礼，为人做事必须符合礼制。为了教育儿子，他依据先贤教谕，写成一部家书，让他们各自抄录下来，时常温习。

穆宁要求四个儿子轮流值日，侍奉自己吃饭，稍不如意，必定严加斥责。一天，轮到某个儿子值日，他特意找来熊白与鹿肉干，心想熊白肥而鹿肉瘦，正好相补，搭配起来肯定美味，便把鹿肉裹在熊白之中，献给父亲品尝。穆宁吃得很高兴，对这美味也是赞赏有加。

谁知穆宁吃完饭，竟又问道："今天是谁值日？有如此美味，为什么不早点献给我？"说完，又免不了责罚值日的儿子一番。

他时常对儿子说："古代品德高尚的君子，侍奉双亲的时候，不只是侍奉父母的衣食住行，最重要的是让自己成为忠贞正直的人。如果你们胸无大志，不遵循礼法，而是走歪门邪道，即使用山珍海味孝敬我，也不是我的儿子呀！"

正因为穆宁治家严谨，四个儿子始终恪守父亲制定的家令，从小守礼，不敢越矩，友爱至笃，和睦相处。后来，四兄弟都大有所成。大儿子穆赞做了侍御史、宣歙观察使；二儿子穆质做了给事中、开州刺史；三儿子穆员做了东都佐史；四儿子穆赏也做了官，刚正廉明，大有父亲之风。

穆宁一家，家教严，家风正，其家何愁不兴旺？

礼法传家，树大家风范

唐朝柳家，世代以礼法治家传家，成为一代世家典范。柳家大家长，便是柳公绰。

柳公绰（765—832），大书法家柳公权的哥哥，生性严谨庄重，一举一动都遵循礼法。虽然家境贫寒，但是他却藏有上千卷诗书，且从来不读非圣之书。

柳公绰治家很严，对子弟们要求非常严格。他担任河东节度使时，子弟们到外地办事，从来不允许他们侵扰所经过的州、县，更不能让地方官迎送操劳。

柳家有一个小书房，只要不上朝，他总是天刚亮就起床，来到书房读书。这个时候儿子柳仲郢早已在书房等候了，向父亲请安后，再安心地读书。到了晚上，他会点上蜡烛，叫上儿子和侄子们围坐在一起，其中一人手捧经典朗读，读给其他人听，其他人则在一旁用心聆听。读完之后，他还教授子弟们为人、治家的道理。在他的严格管教下，子弟们都知书识礼，规规矩矩，从不逾越规矩、肆意妄行。

在柳公绰的严格治家之下，弟弟柳公权也心正刚直，始终如一，保持本心，不但成就书法大师，仕途也更顺遂。

柳仲郢也有父亲的风范，一举一动都符合礼法，还时常以礼法自持，注意举止有礼。当时朝廷礼法混乱，地方官生活奢靡，不守礼法。柳仲郢虽然三度担任大镇节度使，但从来不胡作非为，而是在公尽职尽责，在私谨言慎行。即便在家中，见到客人，他也是谦恭地拱手致礼。

一天，柳仲郢乘车马出行，路上遇到父亲的朋友张正甫，他便立即下车叉手参拜。张正甫见他如此行礼，急忙制止。柳仲郢照样行礼，丝毫不肯马虎。事后，张正甫对柳公绰说："我和侄子在路上相遇，他非要向我行大礼，谦恭得太过了！"柳公绰说："子侄给长辈行礼是应该的，你真的是大惊小怪！"听了这话，张正甫对柳公绰更敬佩有加。

柳公绰去世后，柳仲郢像奉侍父亲一样奉侍叔父柳公权，见柳公权时必定束带整齐。即便已经担任京兆尹，在外遇到叔父，他也一定要下马执笏，端正地站立路边，等叔父离去，再上马前行。人们见到柳仲郢如此遵循礼法，无不感叹柳家家风之严，无不称赞柳家家风之好！

当然，柳仲郢的儿子柳玭也深受祖父、父亲影响，虽身居要职却严于律己，谨遵礼法。更为重要的是，他注重子弟的教育，严格按照礼法治家。他还对柳氏家法进行总结，著书告诫子弟，要求子弟们严于律己，不可苟求名位，不可肆意妄为，要勤恳修己，坚持求学，否则只会辱没家风。同时，告诫子弟要力戒自求安逸、靡甘淡泊、苟利于己、不恤人言等过失。

《礼记·大学》说："所谓治国必先齐其家者，其家不可教而能教人者，无之。"治家，要立好家训，树好家风。柳氏家风良好，真是大家典范啊！

贵不忘礼，谓之大义

子罕，春秋时期宋国人，是一位品行贤良、知礼守礼的贤人。

有人偶然得到一块美玉，把它献给子罕，子罕却谢绝了，坚决不肯接受。那人说："我已经让懂玉的人看过了，说它是珍稀的宝物。所以才敢献给您！"

子罕仍拒绝说："我把不贪婪当作宝物，你把美玉当作宝物，如果你把美玉给我，我们都失去了宝物，还是让我们各自保留自己的宝物吧！"

那人坚持送给子罕，并跪地磕头，说："我只是一个普通百姓，身上藏着如此珍贵的美玉，恐怕会招来杀身之祸，还是送给您吧，以免招来祸端！"听了这话，子罕收下了美玉。不过，他没有据为己有，而是让人雕琢之后卖了出去，又把钱交给那人，让那人过上了富裕安定的生活。

子罕不忘礼，不贪财，实在难得。那人万分感激，更加敬重和佩服他。百姓知道这件事后，也对子罕的德行大加称颂。还有一件事也体现了子罕的不欺人，谨遵君子之礼。

子罕的邻居是一位鞋匠，他家的地势比较低，鞋匠家的地势比较高，一到下雨天，雨水便会涌入子罕家的院子，形成积水。一天，天降大雨，士尹池来拜见子罕，看到子罕家满院子都是积水，愤愤地问道："您贵为宋国大臣，怎能容忍别人欺负自己呢？"

子罕不以为然，回答说："邻居家祖孙三代都以做鞋为生，如果我动用权势把他们赶走，想修鞋的人就很难找到他们，这样一来，必定影响他们的生意，甚至断了他们的生计，我怎能忍心呢？"士尹池听到子罕为邻居着想，对他佩服得五体投地。

子罕，位列六卿，贵不忘君子之礼，用君子的德行来约束自己，是为大义，可以说是贤良之人。

兄弟友善，是家门福气

一个家族的兴盛和发展，需要人丁兴旺，更需要和睦团结，尤其是兄弟友善、礼让。兄友弟恭，相互尊重，相互关爱，才能将日子过得越来越好，撑起家族的未来。唐朝的李光进（759—815）、李光颜（762—826）兄弟二人，就是兄弟友善、礼让的好典范，为家门积累了源源不断的福气。李光进性格勇敢坚毅，沉着果断，屡立战功，节节高升；李光颜也能骑善射，颇有战功，备受荣宠。

当时，很多武将居功恃宠，不但在外骄横跋扈，就是在家里也完全不守礼法。因此，为了名利，为了逞强斗狠，父子反目、兄弟相残的事情很是常见。李光进、李光颜兄弟却始终知礼守礼，在外对任何人都以礼相待，在内更是孝敬母亲，互相谦让友爱。李光进、李光颜兄弟之间非常融洽，哥哥平时多照顾、关爱弟弟，弟弟也谨遵长者先、幼者后的礼仪。弟弟李光颜先娶妻，他娶妻的时候，母亲还健在，于是便将家事交给他的妻子，由她全权主持家务。母亲去世后，李光进也娶了妻。李光颜立即按照礼仪，让妻子清点、登记家中财产，将管家的权力交给嫂嫂。在古代，长媳管家是礼法，尤其在世家、公侯之家，更是不可违背的。

然而，李光进却让妻子将管家的钥匙交还给弟妹，并对李光颜说："虽然我是兄长，但是弟妹自进入家门便侍奉母亲，尽心尽力主持家务，多年来认真负责、不辞辛苦，不能因为我娶了妻子就改变母亲的安排，也忘了弟妹的功劳啊！以后，还是由弟妹管家，这件事不能改变！"

此后，李家仍由李光颜的妻子主持家务。在兄弟二人的影响下，妯娌间也相互友爱、相互谦让，全家上下呈现一派祥和的风气。

居高不傲，得人心之道

西晋末年大臣、名士顾荣（?—312），与陆机、陆云一起号称"洛阳三俊"。

顾荣出身江南大家，顾荣的祖父顾雍曾担任东吴丞相，父亲顾穆官至宜都太守。顾家以"厚"治家，教导子弟敦厚，与人为善。从顾雍开始，顾家家族的子弟既有才华、德行，又能谨遵礼法，立身处世都有君子之风。《世说新语·赏誉》称："吴四姓，旧目云：张文，朱武，陆忠，顾厚。"

到了西晋末年，顾荣拥护司马氏政权南渡，成为江南士族的领袖，顾家更加声名显赫。虽然顾荣出身世家，官大位高，但从不失礼，始终将"厚"的家训铭记在心。

顾荣在洛阳为官的时候，备受礼待。一次，顾荣应邀参加别人举办的宴会。在宴席上，他发现烤肉的仆人虽然很辛苦，但吃不到一块肉。看着客人们大快朵颐，给自己烤肉的仆人露出垂涎欲滴的神色。

于是，顾荣便拿起自己的那份烤肉，分给那个仆人吃。在座的客人万分惊讶，嘲笑道："你竟然将自己的烤肉分给低贱的仆人吃，难道不有失身份吗？"

顾荣不以为然，反而感叹地说："每天烤肉的人，怎能连烤肉的滋味都不知道呢？"众人听后，不再言语。

后来，战乱四起，顾荣与众人逃亡南方，一路上惊险万分，危机四伏。可是每当他遇到危险的时刻，身边都会出现一个人，拼命保护他的安全。顾荣万分感激，询问他为什么会保护自己，这时那人才说自己就是那个烤肉的仆人。

顾荣居高不傲，即便对待仆人也给予尊重与理解，以礼相待。也因此，他得到了众人的尊重与信任，广得人心，得以脱困。

之后，顾家家训、家风继续得到传承，家族历经东晋、南朝、唐宋，一直传承到明清、民国，历代人才辈出，诸如顾况、顾恂、顾修、顾朱……延绵未绝，家风流传。

和睦门风，家和万事兴

家和万事兴。一个家族的兴起，都是从和睦守礼开始的。若是没有和睦的门风，你嫌弃我，我仇恨你，你争夺，我算计，家族必定内忧外患，一点点小风雨就会涣散、倒掉。

隋朝有个叫牛弘的人，学识渊博，心性宽和，被称为"大雅君子"。他深知和睦门风的重要性，便和善地对待弟弟牛弼，还劝诫妻子宽容友爱，不与弟弟计较、争论。牛弼十分喜好喝酒，时常酗酒闹事。一次，牛弼又喝了酒，还趁着醉意耍起酒疯，张弓搭箭，射死了牛弘家中的一头牛。这牛是牛弘驾车上朝用的，很是宝贵。牛弘妻子很是气愤，但见牛弼醉酒，也不好发作。等牛弘回家后，妻子立即抱怨："弟弟又喝醉耍酒疯，把驾车的牛射死了，这太过分了！"

牛弘并未追问，只是说："既然牛已经死了，把牛肉做成肉脯吧。"

妻子不知说什么，只好忙其他事情去。等她忙完后，又提起牛被射死这件事，牛弘仍不接茬，说："剩下的牛肉做成牛肉汤好了。"妻子无奈，不再做声。

过了一会儿，妻子又唠叨起这件事，牛弘这才说："我已经知道了！"说完，连头都没有抬，继续埋头看书，脸色也像平常一样温和，没有一点生气的样子。

这时妻子才明白牛弘的用意。她见牛弘如何宽宏友爱，意识到自己的心胸狭窄，自觉惭愧，不再提弟弟射死牛这件事。弟弟牛弼听说后，也收敛了许多，尊重和爱戴哥哥起来。自此，牛弘家一团和气，兄弟间和睦相处。

和，很贵！但是，和不是维持表面的和气，而是真正宽容地对待家人。牛弘把"和"贯彻到底，不责怪弟弟，不批评妻子，既解决了家庭纠纷，也让和睦成为家风。

富而好仁，惠人者亦可惠己

富而好仁，不骄纵，不肆意，与人为善，是为礼。富而不仁，骄纵，肆意妄为，与人为恶，则是失礼失德之举。

富而好仁，待人有礼，施惠于他人，自然会让自己得惠，让子孙后代得惠。综观古代世家望族，无不知礼守礼，富而好礼，富而好仁，好家风就会一代一代流传。

樊重，便是富而好仁的典范。他的祖先是周朝的仲山甫，与周天子同宗，但他是一介平民。尽管如此，仲山甫靠务农经商获得了很高的威望，并在周宣王的时候，官拜卿士，位居百官之首。恰是因为他的封地在樊，后世以樊为姓。

仲山甫很有德行，位高不恃，富贵不骄，不侮鳏寡，不畏强暴。《诗经·大雅》专门歌颂他的美德，字数达三百多字，可以说是绝无仅有的。

生长在西汉末年的樊重继承了先祖仲山甫的经商才干与德行，他虽然不苟言笑，但性情温厚，治家有方，子孙对他异常敬重。樊家三世共财，没有分家。樊重把家族管理得井井有条，人丁兴旺，生活富足，住的是重堂高阁，吃的是鱼肉高粱，成为河南南阳赫赫有名的家族。

尽管如此，樊重仍待人宽厚，谦和有礼，并善于施惠他人。一次，他想制作一些器皿，便种了很多梓树和漆树。人们嘲笑他："你为什么不直接取材，而是白白浪费力气种树呢？等到树木长大，哪还来得及呢？"

樊重并不反驳，也不记恨。等到梓树和漆树都长大成材，那些讥笑他的人纷纷前来借木材。樊重痛快地答应了，尽可能地满足那些人的愿望。

樊重还不忘乡亲，赈济宗族，接济贫苦乡亲，恩德遍及乡里百姓。乡亲百姓感念他的恩德，对他越发敬重，一致推举他为乡中三老。

樊重高寿，活到八十多岁。他生前乐善好施，借给很多人钱财物品，价值数百万钱。他不但不催人还债，反而在临终前吩咐家人把文契全部销毁。那些借债的人听闻他把欠条都烧毁了，感到无地自容，纷纷抢着归还钱财。樊重的儿子樊宏则遵从父亲遗愿，坚决不肯收下。

樊宏持家治家后，也传承了富而好仁、积善行仁的家风。他为人谦虚平和，戒惕谨慎，不汲汲于名利，还时常告诫儿子："富贵盈溢的人，很难得到善终。你不要太看重钱财，要乐于行善、善于散财啊！"樊宏去世前，留下遗嘱要求薄葬，各种殉葬品一无所用。

光武帝刘秀的母亲，是樊重的女儿。樊氏对刘秀谆谆教导，刘秀深受母亲、外祖父的影响，为人仁厚，善于施惠。当上皇帝后，他也是仁厚有加，体恤百姓，有外祖父之风。

积善之家，常有余庆

山西晋城出了一个陈廷敬（1638 或 1639—1710 或 1712），是康熙倚重的股肱之臣，被康熙称赞为"极齐全的老大人"。陈廷敬官声如此之好，与其家风优良密不可分。

在治家和传承家族上，陈家有三个重要核心：以读书为本，自律自强，勤勉向善。尤其是乐善好施，成为陈氏一门始终秉承的一大家风。

陈廷敬曾祖陈三乐，时常帮助遇到困难的人，救人于危急。据《阳城县志》记载，乡亲百姓生病，无药可救，陈三乐不顾严寒深夜送钱送药，看到病人得到救治，才安然入睡。陈廷敬的父亲陈昌期也喜欢积德行善，平时生活简朴、节衣缩食，储存足够的粮食物资。每当兵荒马乱之际，每当遇到水灾、旱灾，都积极捐助钱粮，救百姓于水火。

他还把乡亲历年借贷的凭据全部烧毁。山西巡抚知道他的善行，于是奏请朝廷表彰他。谁知陈昌期并不贪名逐利，立即派人快马加鞭赶到京城，让陈廷敬出面阻止。当时陈廷敬已是吏部尚书，按照父亲的意思立即找到礼部尚书，请求他扣下公文，不要上奏。礼部尚书敬佩陈昌期的品德，便成全了他的心愿。

在陈昌期 85 岁寿辰之时，他拿出家中所有的钱，把它们都换成米粮，周济乡里百姓。百姓感激不已，要为他建立生祠，纪念他的恩德。陈昌期坚持推辞，不肯接受。

陈昌期非常看重对陈廷敬的教导，告诫他："你能保持廉洁正派，对于我来说，就是最大的回报。"在父亲的教导和影响下，陈廷敬为官勤勉，总是能站在民生的立场上考虑问题，关心百姓疾苦。他也积极行善，与人为善，与民为善。正是因为陈廷敬勤勉向善，积仁累义，康熙才倍加倚重他，并称赞有加。

陈廷敬始终重视子弟教导，每次回家都让所有子弟前来，教导他们谨遵家训、祖训，勤奋读书，不忘积善。陈廷敬以后，陈氏家族数代人秉承这一家风遗训，人才辈出，有志之士络绎不绝，终得"一门九进士，两朝六翰林"，成为北方声明显赫的文化大家族。

正所谓"积善之家，常有余庆"，古人所说，的确不虚。

第四章

塑品立行，齐家必严：克己自律，如履薄冰

志向宏远，行事谨严，此乃历史长河留给我们的人生信条。所谓立身处世，涵盖了砥砺名声、明晰人生准则，以及建立卓越不凡的业绩。然而，在追求这些目标的过程中，遭遇困境和潜在风险在所难免，谨严行事显得至关重要。

流自己的汗，吃自己的饭

郑板桥（1693—1766）是闻名后世的大书画家，他不仅是清正廉洁的县令，更是齐家有方、善于教子的好父亲。

其实，郑板桥一生子嗣艰难，结发夫人徐氏为他生了两个女儿和一个儿子，不幸的是，儿子年幼夭折。直到52岁，妾饶氏才生下一子郑麟。老来得子，郑板桥自然对儿子宠爱有加。不过郑板桥虽爱子，却不溺爱、不骄纵，而是十分注意儿子的品行，教导儿子为人做事的道理。

郑麟出生不久，郑板桥就到山东做了知县，把儿子交给妻妾和堂弟郑墨照顾。他看惯了那些富家子弟的骄奢，担心家人会溺爱、宠坏孩子，时常写信叮嘱，指导郑墨如何正确地引导和教育孩子。在一封信中，他写道："要培养孩子忠厚之情，引导他克服残忍的本性。不要因为是你的侄子，就纵容和姑息他。这其实是害了他啊！"然而，不幸接踵而来。在郑板桥57岁之时，小儿子郑麟也夭折了，郑板桥悲痛万分。

后来，郑板桥把一家人接到身边，将郑墨的儿子郑田过继为子。郑板桥对郑田悉心教导，每日都亲自教导他读书，严格要求他每天都背诵一些诗文。同时，郑板桥非常重视对儿子自立自强的教育，时常给儿子讲穿衣吃饭的艰辛，鼓励他做一些力所能及的事情，如洗衣服、整理住所等。等郑田年满12岁，郑板桥又让他到水井挑水，不管天寒天热，都不得放松。

临终前，郑板桥还通过做馒头这件事，让儿子铭记自立自强的为人道理。当时，他已经卧床多日，感觉时日不多，便把儿子叫到床前，说自己想吃儿子亲手做的馒头。郑田感觉疑惑，但父命不可违，只好勉强答应。

郑板桥看出儿子面有难色，说："你可以请教家中厨师，让他教你做馒头，但是一定要记住，只能亲自动手，绝不能让厨师代劳。"

郑田随即来到厨房，向厨师请教，然后一边学习，一边尝试着和面、揉面、捏馒头、烧火，累得满头大汗，终于把馒头做成。馒头蒸熟后，郑田高高兴兴地送到父亲的病榻前，可此时郑板桥已经断气，安详地离开人世。

郑田悲痛万分，趴在父亲床边痛哭不已。后来，他发现父亲给自己留下一张字条，上面写着："淌自己的汗，吃自己的饭，自己的事自己干，靠天、靠地、靠祖宗，不算是好汉！"顿时，郑田明白了父亲的良苦用心。

此后，郑田将父亲的遗言铭记在心，发誓学会自立自强，不依赖他人，不依赖祖业，要自力更生，闯出一片自己的天地。

郑板桥爱子，却不溺爱，一心教导儿子自立自强，引导儿子修养德行。这才是真正的爱子之道，所以形成了良好的家风！

达官治家，慎独慎微

提到张居正（1525—1582），人们首先想到的是他的政治成就——内阁首辅，位极人臣。不过，在治家上，张居正也很有一套。他教子有方，儿子个个都有所为、有所成。

张居正以严治家，对儿子们管教非常严格，教导他们要奉公守法，不允许倚仗权势做出违法的事情。当时一些官员徇私违规，时常使用朝廷的驿递，为自己办私事。张居正从不这样，他的儿子到外地参加乡试，即便路途遥远，也不使用驿递，而是自己雇请车马。他还告诫儿子："驿递是国家的交通设施，只能用来办理公事。路上，你千万不要惊扰地方官员，更不能动用驿递。"他的儿子听从教诲，从不给任何官员添麻烦。

一次，张居正的弟弟患了重病，不得不回老家治病休养。保定巡抚得知后，擅自做主，发给他弟弟使用驿递的手谕，想让驿递送他回家，以保证尽快回家治病。张居正得知后，坚持不肯破例、违规，说服弟弟将手谕退了回去，乘坐自家马车回了家。

每年缴纳赋税的时候，张居正总是教导子弟按时缴税，不得以任何理由拖延。除此之外，他还严禁子弟置办房产，侵占乡邻土地。张居正家乡的地方官，为了讨好他，想将一块土地划拨给张家。他知晓后，立即写信谢绝，表示绝不愿意凭借职权侵占乡邻的利益。他认为自己家的田产已经足够保证家人的温饱了，如果广积财产，只会助长家人的贪欲，给家门带来灾祸。

正是因为张居正的严格管教，张家子弟对其敬畏有加，在内在外都约束自己的言行。登仕做官之后，他们更是不忘父亲教诲，做到谨言慎行、严格自律，皆承父亲之风。

一门双进士，三代五俊杰

"一等人，忠臣孝子；两件事，读书耕田。"这一对联贴在河南安阳的马氏庄园中，引人注目。它是晚清名士马丕瑶（1831—1895）做人、处世、为官的核心，也是其对子女、后代的教诲与期待。

马丕瑶 30 岁中进士，后任布政使、巡抚，不管是做官还是做人，都始终践行忠、孝二字，持身守正，克己自律。他特别重视律己自省，并用自省所得治家。他每天都会抽出一定时间来审视和反省自己，警示自己坚守诚与敬，切勿因为独处而肆无忌惮。他还把自己的书房命名为"约斋"，提醒要自我约束。就是在这里，他写出了影响深远的《约斋铭》。在《约斋铭》中，他这样写道："儿辈严课读，也要善诱循循，约约家之本在身，不修己，难责人。"意思是，教育子孙的时候，要严加管束、循循善诱，督促他们读书学习，教导他们修炼自己的德行，这才是治家之本。

马丕瑶对子弟族人严加要求，尤其对众人读书有极为严格的要求。为了督促他们认真读书，他专门建造一座"读书楼"。凡是马家子孙，年满 13 岁，都要到读书楼读书学习。"读书楼"没有楼梯，而是架设了一个专门的木梯。孩子们一上去，他便会把木梯撤走，不完成学业功课，绝不允许下楼。

在马丕瑶的言传身教下，马家形成了良好的家风。马氏人才辈出，子女不管是为官还是经商，都有所建树。他的大儿子马吉森，成为清末民初的实业家；次子马吉樟，考中进士，成为翰林学士；小女儿马青霞积极参加并支持辛亥革命，捐出数百万家产，有"南秋瑾、北青霞"之称。

到了马丕瑶的孙辈，家风也使得他们之中人才辈出，尤以马载之最为知名，他是为我国工矿学界先驱。

正因如此，家风良好、治家严格的马家，也被赞誉为"一门双进士，三代五俊杰"。

耕读传家，要守六百年家法

中华耕读文化源远流长，农耕与读书成为无数人的坚持和追求，更有许多人视其为圭臬，传之为家训。

左宗棠（1812—1855），出身没落的书香之家，他的曾祖父、祖父、父亲皆为秀才，他父亲以教书为生。在良好家风的熏陶下，在父亲的教导下，左宗棠酷爱读书。出仕之前，左宗棠还有过一段很长的耕读时光，对于耕与读，有着非常深的认识和体会。

左宗棠自己勤读书、爱农耕，还一再要求子孙后代继承祖辈的耕读家风，保持农家子弟本色，勤耕田，读好书。何为读书、耕田？左宗棠的理解颇有道理，他不是只让子弟们学会种庄稼，而是侧重培养子孙淳朴、勤俭以及自食其力的能力。

左宗棠给儿子们写了很多家书。在家书中，他告诫儿子们要懂得早些自谋生路，强调不能借着祖辈的声望坐享其成，更不能倚仗权势作威作福。在给长子孝威的家书中，左宗棠谆谆教导："我虽然身居要职，但是不想子孙成为纨绔子弟。你们要始终不忘家族寒素本色，保持平民耕读之风。"

后来，因为担心儿子们在城市闲居太久沾染上不良习气，他特意嘱咐夫人："家中的事一切都应以谨厚朴俭为主。秋收后，你们还是移居柳庄吧！让孩子们耕田读书，不仅可以远离嚣杂，还可以保持淳朴。"

在教育子女读书时，左宗棠总是严谨认真，心细如发，要求儿子每月将功课写信寄给自己查阅，甚至一一纠正其中的错别字，还教导儿子读书"不要计较科名"，强调"知行合一""学以致用"，学得一个字就用一个字，学得一个道理就奉行一个道理。

他写过两副对联，一副贴在家庙里，内容是："纵读数千卷奇书，无实行不为识字；要守六百年家法，有善策还是耕田。"另一副贴在私塾中，内容是："要大门间，积德累善；是好子弟，耕田读书。"这两副对联时刻警示左家的子孙，成为左家的传家之训。

在左宗棠的身教言传之下，他的四个儿子都无骄纵之气，次子左孝宽成为颇有名望的医者，四子左孝同成为著名的金石书法家。时人称赞左家家风端肃，"立身不苟，家教甚严。……虽两世官致通显，又值风俗竞尚繁华，谨守荆布之素，从未沾染习气"。

做仁人君子，比做名士更重要

众所周知，钱钟书（1910—1998）是现代文坛上出色的文学家，腹中有太多诗书、文学知识，让人敬佩不已。可世人很少知晓他的父亲钱基博（1887—1957）也是颇有造诣的国家大师，博通经、史、子、集四部，以集部之学见著称，有着"集部之学，海内罕对"的美誉。

钱基博早年以才学出众出名，深受梁启超赞赏，后来在清华大学、浙江大学担任教授。在他看来，德先于才，只有严格遵守儒家的道德规范，才能成为真正有学问的人，因此，他一生都致力于追求学问和道德的完美。

对自己，钱基博的要求是严格的，对孩子更是如此。钱钟书出生后，就被过继给伯父钱基成。伯父对他很是宠爱，实行放羊式教育，每天只是让他下午读书，上午则带着他上茶馆、听说书、吃喝玩乐。渐渐地，钱钟书染上了懒散、晚起晚睡、贪吃贪玩的坏习惯。

钱基博想对他严加管教，又担心兄长不满，所以只好作罢。不过，他想到一个好办法，那就是提议让钟书进入新式小学读书，庆幸的是得到了兄长的认可。由于钱钟书没学过数学，入学后不开窍、跟不上，钱基博只能亲自辅导，每天为他补课，可是他就是不开窍。钱基博又气又急，不时拧他的皮肉，用以惩戒。

钱钟书10岁的时候，伯父去世，钱基博开始直接管教他。在父亲的严格管教下，钱钟书开始静下心来读书，几乎过目成诵。可一旦与伙伴玩耍，他便放纵起来，时常信口开河，评说古今人物。钱基博于是时常告诫他谨慎说话，少说话多做事，还为他改字"默存"，以为警示。

为了让钱钟书安心学习，钱基博要求他和侄子钱钟韩每天都到自己的办公室自修或教读古文，等到学生晚餐后才带他们回家。为了提升他的写作水平，还要求他"单日作诗、双日作文"。

1926年秋，钱基博应清华大学之邀北上任教，寒假没有回无锡。当时，钱钟书正在读中学，少了父亲的管教，开始懈怠和随心所欲起来。因为迷上了小说，他每天都沉醉其中，时常忘记温习课本。等父亲回来考问功课，钱钟书自然不能过关。钱基博十分愤怒，不但严加训斥，还将他痛打一顿。没想到，这激起了钱钟书的志气，开始大量阅读，专心刻苦，广泛涉猎古文经典著作，打下了坚实的古诗文基础。

几年后，钱钟书考入清华大学外文系，钱基博已因病回到南方，但仍不忘对其谆谆教诲。在给他的家书中，他写道："做一仁人君子，比做一名士尤切要。"钱基博希望他能够淡泊明志，宁静致远，成为像诸葛亮和陶渊明一样的人；希望他能超过别人，而不是被别人超过。

钱钟书入学不久，就因超高的语文、英文水平而出名，成为清华校园中众人瞩目的对象。钱基博很是高兴，却更多的是担忧，他担心钱钟书得意自满，特意写信告诫他："现在你文章胜过我，学问胜过我，我心里是非常高兴的，但是这不如你笃实胜过我，力行胜过我。那样，我就更加高兴和欣慰了。"他还要求钱钟书做为人厚重的君子，修养方正，学术质朴，切不可因为年少出名而才华外浮、飞扬跋扈。

在钱基博的谆谆教诲之下，钱钟书一步步沉稳下来，继承了父亲追求学问和争做君子的道德之风，著书立说，教书育人，成就父子皆为大师的佳话。

当然，钱钟书与妻子杨绛教子治家也是人们推崇的典范。虽然他一改父亲的严厉，从不摆出父亲的威严，甚至会与女儿开玩笑，然而他始终注重女儿钱瑗性格、道德的教育，教她独立、求知，教她尊重、善良。

钱钟书一脉，是名士，更是君子，文学造就影响深远，个人品德以及家风家教更为后人赞颂。

一门三院士，九子皆才俊

梁启超（1873—1929），一生匡时济世、勤奋著书，受人敬佩，为人敬仰。梁启超之所以令人钦佩，在于其才学、德行，在于其心怀天下，更在于其齐家有道，缔造了"一门三院士，九子皆才俊"的家教传奇。

梁启超的九个儿女，都是才德兼备之人。长女梁思顺，担任了中央文史馆馆长，还是一位诗词研究专家；长子梁思成，出色的建筑学家，致力于中国古代建筑的研究以及保护，中央研究院院士；次子梁思永是著名考古学家，也是中央研究院院士；五子梁思礼是著名火箭专家，中科院院士。其余子女，也各有所长，无一庸人。

其实，梁启超对于子女的教育，在他写给子女的400多封家书中可见一斑。在家书中，他始终教导子女为人、治学、立业的道理。他曾借曾国藩名言教育孩子，"莫问收获，但问耕耘"，教导孩子们对待学业，不要想着回报，要努力拼搏，到时自然有好的结果。梁启超教子，不但不强求成绩，也不干涉其个人兴趣。但是有一样东西，他是最为在意的，那就是塑造孩子们的良好品性。他说："你如果做成一个人，智识自然是越多越好；你如果做不成一个人，智识却是越多越坏。"

为了培养子女的良好品性，梁启超还让他们从小研读传统经典《论语》《孟子》，教导他们"知者不惑，仁者不忧，勇者不惧"。等到子女长大求学之后，他教导子女要心怀天下，以报效社会为己任，告诫他们要爱国，教育他们"人生在世，要报答社会，为社会效力"。

在梁启超的教导下，三子梁思忠保家卫国，在淞沪会战的战场上浴血奋战，壮烈牺牲；四女梁思宁参加新四军，积极参加革命。梁思顺、梁思成几兄妹，虽出国留学，但怀有爱国之心、报国之志，学成后全部回国，报效祖国。

虽然梁启超已经功成名就，子女们从小生活条件优渥，但他从不溺爱孩子，而是严格要求他们谨记艰苦朴素的家训家风，鼓励他们在逆境中磨炼意志和品德。梁启超还重视孝悌的熏陶，常在家书中提醒子女要孝敬、尊敬长辈，兄弟姐妹友善相处。

梁启超的家风与家教，无不透露其智慧与德行。因此，在他的引导下，子女们在潜移默化中得到教化。家风好，自然造就了"一门三院士，九子皆才俊"。

黄家不培养贵族子弟

黄炎培（1878—1965），有十六个子女，除了几个幼年夭折的外，其他人都出类拔萃，成为各领域出色的人才。

黄炎培对子女的教育非常严格，从不娇惯，也不纵容。四子黄大能初中就读于环境优美、学费昂贵的学校，同学大多是富家子弟，爱攀比，爱虚荣，黄大能身处其间也受了不良影响。黄炎培察觉到儿子的变化后，立即将他转到多是平民子弟的普通学校读书。

黄大能对此表示不满，就连家人都不理解黄炎培的做法。对此，黄炎培说："我们黄家可不能培养出一个贵族子弟来。"这足以说明，黄炎培希望儿子能洁身自好，不沾染富家子弟的不良习性。

后来，黄大能到英国留学，黄炎培仍不放心，亲手写下"32字家训"："事闲勿荒，事繁勿慌。有言必信，无欲则刚。和若春风，肃若秋霜。取象于钱，外圆内方。"他不但将家训赠予儿子，还传给其他子弟。

黄炎培以严格的家训教育和培养子女，子女们也谨遵家训，个个自律，人人努力读书，约束自己的行为，修养自己的品性。值得一提的是，黄炎培的子女不仅自己严守家训，还将其传给了下一代，家训家风对他们起着积极的影响。

黄炎培三子黄万里在家书中讲过一件小事：他的长子黄观鸿，在很小的时候坚决不肯坐黄包车去学校。黄万里询问为什么，他回答说："我看到车夫满头汗珠滴下来，就不想坐了。"由此可见，黄家家风熏陶出来的孩子，大为不同！

广安邓氏，闻正言，行正事

　　广安邓氏，书香门第，名门望族。其优良的家风世代传承，优秀的德行无数人歌颂。

　　早在明洪武年间，邓氏先祖邓鹤轩便树立了"书香耕读，报效国家"的优良家风。在家风的影响下，邓氏有 10 多人考中进士，多人为学为官，其中最著名的便是邓时敏（1710—1775）。

　　邓时敏的父亲邓琳（1669—1745）是当时颇有名望的大儒，门下弟子人才济济，对于治家教子更是严厉有方。邓琳有六个儿子，经常教育儿子们要"修身立品，以勤宜德"。对于邓时敏这个小儿子，他更是严厉有加，每天都督促他在书斋里读书，未经允许不能参与外事；告诫他说话做事谨慎小心，一旦发现他有失言的地方，便会严厉批评。他还时常教导邓时敏要积德行仁，施善于人，即便不能惠及自己，也必定会惠及子孙。

　　乾隆元年（1936 年），邓时敏考中进士后，便在翰林院做官。喜报传来的时候，邓琳虽然高兴不已，但仍不忘教导儿子为人为官的道理，教导他要时刻修炼自己的品行。在给邓时敏的家书中，他这样写道："第一在修身立品，亲正人，闻正言，行正事。做中秘书，必须刻苦攻习学问，如此学问才能日益精深高明。你一定要勤奋做事，钻研学问，做能报效明主和国家的好官啊！"读了父亲的家书，邓时敏深受感动。此后，他时刻铭记父亲的教导，用"修身立品"的家训提醒自己，力求做到为人正直、为官公正。

　　后来，邓时敏的官位越来越高，声名也越来越大，被乾隆钦点为江南宣谕化导。邓琳知晓后，又给他写去家书，告诫他恪尽职守，不要过于张扬炫耀，做事说话要有所忌惮；不要滋扰地方，要善待百姓，听取民声，善待百姓。其间，邓时敏恪尽职守，受到百姓和地方官员的称颂，短短的五个月，便连升三次，官到九卿之位。

邓家如此家风，备受百姓和朝廷官员的称赞。人们无不仰慕邓琳为国为民的高尚品德，无不称赞他教子有方，治家有道，还称赞他为"蜀中鸿儒"。

邓时敏也十分重视家风家训的传承。他主持了邓氏宗祠大廷尉的修建，并认真整理邓氏祖谱，制定"以仁存心，克绍先型，培成国用，燕尔昌荣"的辈份顺序，以此让子孙后代、县里族人铭记家训，保持良好品德，传扬良好家风。

傅雷治家，宽严相济

在中国传统文化中，父亲是威严的，对孩子的爱表现得很隐晦。傅雷（1908—1966），不是传统意义上的严父，他始终秉持宽严相济的教子之道。

傅雷的严厉，体现在他对子女学习、立身行事的严格要求。傅雷有三个孩子，大儿子傅聪很有音乐天赋。他发现儿子的这一天赋后，便决定好好培养，并严格要求，绝不允许懈怠。在指导和监督傅聪练琴的时候，傅雷很少与他嬉笑，而是严格执行自己制定的课程，让他每天上午必须练习几个小时。

当时傅聪年纪小，练琴时难免会偷懒，抱怨练琴辛苦。傅雷每每发现，都教训他不应该偷懒，要求他多些耐心与决心。他还时常将贝多芬、肖邦等世界钢琴大师刻苦练琴的故事讲给他听，以此激励傅聪勤学苦练，不要浪费时间，更不要荒废自己的天赋。

对待子女们的学习，傅雷也极为严格。为了让他们学得更全面，他亲自编辑教材，还给他们制订了科学的学习计划，要求他们必须严格执行。

在教育子女立身行事、为人处世等方面，傅雷更是体现了严父的一面，提出更为严格的要求，一丝不苟。吃饭的时候，他要求子女讲礼仪、有节制，必须端正坐姿，手肘靠在桌边时不能碰到同桌的人；咀嚼饭菜时，不能发出声音，不能狼吞虎咽。傅聪爱挑食，不爱吃青菜，只喜欢吃肉。傅雷警告无效后，便罚他只能吃饭，不许吃菜，将其坏习惯纠正过来。

傅聪远赴波兰求学，临别时，傅雷严格叮嘱，要求他待人真诚，保持一颗赤子之心，告诫他："第一，做人；第二，做艺术家；第三，做音乐家；

最后才是钢琴家。"此后，他在家书中不止一次强调，你的言行代表着中国，要保持不卑不亢、为人正直，不可给祖国丢脸。

傅雷的慈爱体现在对于子女的疼爱和关心上。傅聪出国后，一封封家书，写满了父亲的嘱托，写满了关怀，尽显慈祥的父爱。他询问傅聪住在哪里，食宿如何，零用钱是否够用；急切地等待他的回信，如"你的第八信和第七信相隔整整一个月零三天"，表达出自己的爱与思念；嘱咐傅聪不能为了比赛把自己弄得精疲力尽，要充分休息，常常锻炼，保持饱满的精神。

傅雷教子，宽严相济，不管是严还是爱，都做到了为子计之深远。家训家风，广为流传。

言传身教，一丝不苟

以忠正廉直教子者众多，但是真正做到言传身教、一丝不苟的人，寥寥无几。韩亿（1972—1044）治家以"严"著称，特别注意家法谨严，言传身教。其宴客索杖之事，足以为后世称颂，视为典范。

韩亿，品行正直，性格端方稳重，即便赋闲在家，也从不懈怠。在为人为官方面，他始终以忠直廉勤为本，身体力行，教子亦是如此，要求诸子极为严厉，从不允许他们有丝毫的妄为言行，更不允许他们为官不正。

韩亿担任亳州知府的时候，在河南府任职的次子韩综前来探望，并报告侄子韩宗彦考中进士的喜事。韩亿听闻消息，十分欢喜，大摆酒宴，邀请亲友僚属共同庆贺。

酒过三巡，客人们正喝得高兴、谈得尽兴之时，韩亿突然询问韩综公事来，问他西京治狱有什么疑难案件难以裁判。

韩综支支吾吾，没有直接回答。韩亿又追问了一次，韩综仍没有明确回答。顿时，韩亿大怒，推案而起，一边用木棍痛打韩综，一边责骂："你拿着朝廷厚禄，主持一府政事，就应该事无巨细、事事用心，现在你连府中案件都不知晓，岂不是失责失职？！我距离你千里之外，无所干预，都能够知晓，你贪图朝廷厚禄，却不尽心尽责，有什么颜面谈论报效国家？！"

众宾客亲友见状，极力阻止劝解，韩亿的怒气才稍微平息。次子韩综只敢默默受罚，承认错误，不敢有任何申辩。此时，其他儿子已经在外做官，可在韩亿面前，仍都战战兢兢，不敢言语。可见，其家法之严。

恰恰是在韩亿言传身教以及一丝不苟的教育下，他的八个儿子都身居高位，还有两个儿子官至宰相。其家族在北宋时声名远播，号称"门族之盛，为天下冠。在公卿之后论其世，咸多韩氏"。

第五章

坚定信念，振举家声：不忘初心，方得始终

有志之人方显可贵，然而"志"并非只是标志或象征，它更关乎人的内在品质。一旦立志，便需承担责任，这也是对自己的责任。追求理想的道路上，坚韧、自信、果敢与明确尤为关键。若有人满口理想却临阵退缩、怨天尤人，对于此类人，我们应谨慎评价，不宜与之共论理想，甚至在结交朋友时也需要深思熟虑。

孔子为学，三月不知肉味

孔子（前551—前1479）好学，读书、学琴，尤为刻苦专注。古人勤学之风，可以说源于孔子。

虽然孔子精通诗、书、礼、易，也颇为擅长音乐，但还没有达到精通的地步。为了求学，他专门借着朝见周天子之机，拜见了大夫苌弘。

苌弘听闻孔子博学，在家中厅堂热情地接待了他。厅堂内，二人席地而坐，各自的桌案上放着热茶。寒暄之后，孔子欠身行礼，恭敬地说："苌大夫博学多才，孔丘孤陋愚顿，需要向您请教的事宜很多。不过，今天只请教一事，请先生指点迷津。"

苌弘也恭敬行礼，笑着说："孔大夫声名远播，只是你我相见恨晚，今天您光临蔽舍，如果有什么疑难不决之处，咱们共同探讨吧！"

孔子说："我喜爱音律，但是不精通。韶乐和武乐都很高雅，在各诸侯国的宫廷之间流行，那么二者究竟有什么区别呢？"

苌弘缓缓地说："我认为，韶乐是虞舜太平和谐之乐，曲调优雅宏盛；武乐是武王伐纣一统天下之乐，音韵壮阔豪放。从音乐形式来说，二者虽风格不同，但都是美好的音律。"

"那么，在内容上，二者有什么差别吗？"

苌弘回答："韶乐侧重于安泰祥和，礼仪教化；武乐侧重于大乱大治，述说功名。这就是二者的根本区别。"

孔子恍然大悟，笑着说："如此看来，武乐是尽美而不尽善，韶乐则是尽善尽美啊！"

苌弘听罢，称赞道："孔大夫的结论更是尽善尽美啊！"二人畅谈之后，孔子再三拜谢，欣欣然回去了。

第二年，孔子来到齐国，这恰是韶乐和武乐诞生与流传之地。当时，在齐王举行的盛大宗庙祭祀之上，孔子聆听了三天韶乐和武乐的演奏，痛快淋漓，如痴如醉。之后，孔子对韶乐情有独钟，一连三个月，每天都弹琴演唱，还时常忘形地手舞足蹈。就连在梦中，他都反复吟唱；吃饭的时候，也专心揣摩其音律音韵，以至连喜欢的红烧肉都吃不出滋味！

孔子好学，三月不知肉味，真是为学痴迷，乐在其中！好学之风，影响子孙后代，更对弟子门人产生了巨大的影响。儿子孔鲤虽被掩盖在父亲的耀眼光环下，但谦虚好学。孙子孔伋也继承孔子之风，发扬孔子学说，有所发展。孔子门客三千，七十二人成大贤。

常熟翁氏：振家声还是读书

勤奋读书，是常熟翁家世代恪守的祖训。就在翁氏故居"彩衣堂"大厅中，悬挂着一副对联，内容为："绵世泽莫如为善，振家声还是读书。"这一祖训也道出了翁家这一文化世家传家的秘密。

作为耕读之家，翁氏倡导读书振家。自翁咸封（1750—1810）之后，翁家子弟无不刻苦读书。正因如此，其家数人科甲蝉联，三世翰苑，四世公卿。

读书依赖于藏书，常熟又是明清以来私家藏书的核心之地。因此，翁氏受到熏陶，不但教育子弟勤奋读书，还逐步拥有了家族藏书。从翁氏七世祖翁蕙祥兄弟开始，子弟读书、藏书，不忘初心，历时十多代，四百多年，终成当时赫赫有名的藏书世家，亦出现了各种藏书家，如祖孙藏书家、夫妇藏书家、兄弟藏书家。

在藏书方面，翁家继承了虞山派藏书家的开放思想，强调藏书开放、读书用书、读书做人。到了翁同龢（1830—1904 年）这一辈，翁家家族藏书达到鼎盛，精本极多，"没有一部不是难得之物"。

当然，翁同龢藏书并非为了束之高阁、秘不示人，而是为了读书、用书。他时常与志同道合的朋友一起读书，一起研究，还主动将私人藏书刊刻印刷，传播给更多人，让更多的人学知识、明道理。他为瞿氏铁琴铜剑楼题写了对联：入我室皆端人正士，升此堂多古画奇书。这是强调藏书、读书与品行修养的关系，告诫人们要好读书、读正书、做好人。

可以说，翁家始终坚持这一个家训，勤奋读书。他们为读书而藏书，藏书又是为了读书、用书。他们终生与书为伴，丹黄未曾离手，所藏之书也经家族成员的校勘、装治，为后人留下珍贵的文化瑰宝，实在可敬可叹！

读书振家声。翁家以读书为家训，以藏书为家风，积年累月，传递着绵长而厚实的文化和信念，因此成就了文化世家，更潜移默化地影响着无数后人。

周家大院，书声永振

　　零陵（湖南永州市辖区）贤水河畔，有一片美丽的山水田园，那便是柳宗元笔下的永州之野。在这永州之野，坐落着名驰天下的周家大院。

　　周家大院的闻名，在于古朴而美丽，更在于其背后周氏家族传承下来的家训、家风。周家的先祖，是宋代周敦颐（1017—1073）。周敦颐年少的时候，便专心于读书思考，后来兴办教学，工于儒学研究，成为一代大儒。

　　到了明朝中期，周家的一支迁徙至零陵繁衍生息，到了清光绪年间建造了这一座大院。在大院尚书第门楼上，赫然贴有一副对联：一等人，忠臣孝子；两件事，读书耕田。《周氏家规十六条》中的"立斋塾"一条，专门讲了读诗书、育后人、倡礼义的问题。可见，周家子孙后裔，亦不忘读书知礼之风。

　　他们始终抱着"兴门第不如兴学第，振书声然后振家业"的坚强信念，把读书当成第一等要事。以读书兴家，以读书知礼，以读书修身，以读书报国，已经成为周家人的共识，并被奉为圭表。

　　周氏族人中，有一位名叫周承叔的，家庭十分贫寒，没钱求学读书。父亲为了让其能读书，竟忍痛将爱子过继给弟弟。周承叔体谅父亲的苦心，每天都与堂兄周文孙、族兄周崇傅秉烛夜读，时常在三更时分挑灯夜读，五更鸡鸣之时又起来继续研读，即便寒冬腊月再艰苦，也绝不懈怠。

　　正因为周家大院的人们牢记祖训和家规，始终不渝地从书声永振之途，因此不断涌出才学拔萃者。比如周希圣，万历年间考中进士，为官时勤躬善政，爱民如子，被贬后修书立作，而后更是告假还乡，闭门读书。"一等人，忠臣孝子；两件事，读书耕田。"这副对联便贴在他的房屋门上。还有周崇傅，文武全才，中进士，入翰林，授编修，备受时人称颂。

　　除此之外，周家大院还流传着许多尊师重教、奋发读书、卖田藏书的故事，无不激励着周家人，令人感慨。

　　周家大院散发的古老气息中，书声永振，家风流传。

从败家子到学问家

皇甫谧（215—282），魏晋时期的医学大家，其著作《针灸甲乙经》是我国历史上第一部完整的针灸专著，对于后世医学尤其是针灸学的发展有着非常大的影响。

皇甫谧小时候并不好学，到了 20 岁，仍整天游手好闲，与一些不学无术的青年混在一起，成为人人厌恶的"败家子"。他之所以能改头换面，关键在于叔母任氏悉心的教诲与引导。

其实，皇甫谧很小的时候便父母双亡，过继给叔父，被叔父叔母养大成人。叔母非常疼爱他，犹如亲儿子一般。皇甫谧虽然不好学，但十分敬重叔父叔母，有时在外面得到一些新鲜瓜果，都会孝敬叔母。

一次，皇甫谧从外边拿回一些瓜果，得意洋洋地献给叔母。叔母不但不欣喜，反而伤心地哭起来。她语重心长地说："《孝经》上说：'三牲之养，犹为不孝。'即使你天天用猪、牛、羊来孝敬我，也不能称为真正的孝顺，更何况这些瓜果呢？现在你已经 20 岁，仍不肯读圣贤之书，不肯学仁义之道，我怎能感到欣慰和高兴呢？！"

听了这话，皇甫谧面露忏愧。叔母又禁不住叹息，继续劝导他："从前孟母三迁教育孟子成为仁德之人，曾子杀猪教育儿子信守诺言，难道是因为我不择邻、不守信，才让你如此愚钝吗？你要明白，修身养性，刻苦学习，受益的是你自己呀！你学有所成，我才欣慰啊！"皇甫谧很受感动，表示会改正。

叔母假装不信，说："江山易改，本性难移，你真的能改过自新吗？"说完，便不理皇甫谧，回房织起布来。皇甫谧听着一声声机杼的声音，发誓以后要悔过自新，刻苦读书，学有所成。

此后，黄埔谧果真刻苦攻读，虚心求教，并和那些不学无术的朋友断绝来往。为了学到真学问，他还拜当地的学儒席坦为师。他每天都勤奋读书，即便下地耕作，也是书不离手，抓住空闲时间来读书。日复一日，年复一年，皇甫谧持之以恒，一天都不懈怠，终于博通百家之言，成为当地有学问的儒士，受人尊敬和仰慕。

到了中年，皇甫谧患上风痹疾，身体羸弱不堪。病痛的折磨，让他痛苦不已，再加上服用寒石散，以至于精神颓废，甚至想要自尽。在叔母的鼓励下，他才重新振作起来，开始攻读医学，学着医治自己的风痹疾。

晋武帝听闻他的事迹，感叹其坚强的意志，欣然送给他一车书籍。寒来暑往，皇甫谧遍览医书，终于发现有书中记载针灸可以治风痹症。之后，他一边研究医书，一边在自己身上试验，不但治好了自己的病，还在这个基础上完成《针灸甲乙经》。

从败家子到学问家，皇甫谧的改变与成就与叔母的教育分不开。没有叔母的教诲，他如何做到刻苦研读？没有叔母的劝勉，他又如何能有强大的信念和毅力？足以可见，好的家教才是一个人成才成事的重要力量！

纸上终是浅，实践出真知

一门父子三人，苏洵、苏轼、苏辙，全是大文豪。

苏家以读书传家，家风家教绵延几代。苏洵（1009—1066）的父亲苏序非常重视读书学习，"我宁愿子孙读书，也不愿富有"，为此还倾尽钱财，购置大量书籍，如汗牛充栋。

苏洵年少时不喜欢读书，但是到了 27 岁，便开始发愤，闭门苦读十年，终于大器晚成。在教育苏轼、苏辙时，他吸取自己疏懒愚钝的教训，悉心指导他们读书治学，要求每天都背诵和抄阅古籍经典，熟记经史，一旦他们偷懒，不按时背诵，便严加惩戒。晚年的苏轼曾梦见小时候没有按时背诵《春秋》，被父亲惩戒，还吓得一身冷汗。可见，苏洵教子之严格。

对于教子，苏洵并非一味严厉，而是严慈相济，更注重培养兴趣，"读万卷书，行万里路"。为了培养苏轼、苏辙的读书兴趣，他把苏家的南轩命名为"来凤轩"，作为他们的书房，并亲自对家中数千卷藏书校对、批注。对于苏轼、苏辙来说，"门前万竿竹，堂上四库书"无疑是再好不过的成长环境，让他们爱上读书、沉迷读书，乐在其中。苏洵还时常让兄弟二人同读一本书，然后谈论争辩；带着他们游历名山名寺，走访名师高士，不但扩宽他们的眼界，更让他们将读书与实践结合起来。

在读书这件事上，苏轼、苏辙守其初心，始终不改，不管是做官入仕还是被贬颠簸，都不忘为学读书。苏辙在淮阳做官时，因留恋龙湖美景，还在小丘之上筑室修身读书。这一点亦体现在苏轼对于儿子的谆谆教诲与引导。苏轼长子苏迈初入仕途时，他赠给儿子一方砚台，并在砚底刻上铭文：

"以此进道常若渴，以此求进常若惊，以此治财常思予，以此书狱常思生。"告诫儿子求学、为人、为官的道理。

苏轼也秉承苏洵的理念，注重对儿子求学、实践的教育。苏轼被贬黄州的时候，只是担任一个闲差，于是他利用这个机会与苏迈一起读书写作，谈古论今。

一天，父子两人坐在一起谈天说地，谈到了都阳湖畔石钟山的名称由来。为了弄清缘由，苏迈认真翻阅《水经注》等古书。但是苏轼总觉得那些解说有些牵强，不够可信。苏迈想再多翻阅一些古书，苏轼却阻止说："不用再找了。凡是研究学问、考证事物，千万不可人云亦云，或者只凭道听途说就妄下结论，我认为想要弄明白这个问题，必须进行实地考察来求实。"

苏迈认同父亲的这个观点，只是父子俩一直没有机会前去考察。转眼过了五年，苏迈到饶州任职，苏轼将他送到湖口，并一起考察了石钟山。当晚，父子俩来到绝壁之下，沿着山路慢慢寻找，终于明白了"石钟"的由来。原来那里布满大小、形状、深浅各不相同的石窍，当受到波浪冲击时，就会发出一阵阵如钟鼓般的声响，宛如鼓乐齐鸣！

事后，苏轼对苏迈说："事不目见耳闻，而臆断其有无。"告诫他读书求学要下功夫，要求真、务实；想要获得真知，要亲自考察、实践。

水有源，木有根，正所谓"读书正业"。在苏家家风中，读书正业是第一位。所以，一门出三才，词作流传至今，后人仰之。苏轼长子苏迈也是文学优赡，三子苏过的词有父亲之风，被称为"小东坡"。苏辙三子也颇有才学，做了侍郎、大夫。

深居简出，只为苦读磨志

北宋时期杰出的政治家、文学家范仲淹（989—1052）年幼时，父亲去世，家境十分贫寒。他的母亲谢氏，没有能力养活自己和儿子，无奈之下改嫁，并为范仲淹改成继父的姓。年幼的范仲淹在母亲和继父的养育下，得以健康成长。值得一提的是，范仲淹年少时就志向远大，更明白想要成就事业，必须严格自律，勤学苦读。

由于继父家也不富裕，范仲淹便来到醴泉寺，在那里安心苦读。醴泉寺有很多家境贫寒的学子，都是白天苦读，晚上休息。范仲淹更加刻苦，不分昼夜地苦读诗书，困了就小睡一会儿，醒来则继续读书。其他季节还好，到了冬季，天寒地冻，人还特别容易疲倦、犯困。为了解决犯困的问题，他想到一个特别管用的办法——用冷水洗脸。

在醴泉寺读书的学子，都会将粮米交给厨房，代为做饭。然后，随着寺院的钟声响起，他们与僧人一起吃饭。范仲淹从早到晚都专心读书，时常充耳不闻钟声，错过吃饭。好心的僧人见他如此废寝忘食，时常主动给他送饭。范仲淹很是惭愧，不愿给僧人添麻烦，便备了小锅灶，自己做饭。

后来，继父的家境更加困窘，尽管母亲交代他多带些粮食，但是他总是带得非常少。他每天晚上都量好米，添好水，一边读书，一边煮粥。一锅米粥煮好了，也就过了子时，他便和衣而睡。等到第二天早上，米粥凉透，凝固在一起，他就用刀把饭切割成四块，早上吃两块，晚上吃两块。至于菜蔬，就到寺院的后山采集野菜，切成碎末，与米粥一起搅拌着吃。

与范仲淹一同读书的同学，知晓他的窘迫与艰苦后，把这件事告诉父亲。同学父亲同情范仲淹，便让他带去一些鱼肉，送给范仲淹。范仲淹却坚定地谢绝了，说吃简陋的饭更能磨炼自己的意志。

同学以为范仲淹不好意思接受，便悄悄把鱼肉放下。几天后，同学发现那鱼肉丝毫没动，已经发霉变质，便生气地说："我好心给你带东西吃，你还不领情，这不是浪费吗？"

范仲淹义正严词地说："我不是浪费，只是过惯了艰苦的生活，如果吃了这些鱼肉，以后便不习惯过苦日子了！"

回到家中，同学将这番话说给父亲，他父亲不由得大加赞赏："范仲淹真有志气，将来必定大有作为！"并嘱咐自己儿子向范仲淹学习。

在醴泉寺苦读三年，范仲淹始终过着划粥断齑的清苦自律生活。即便如此，他依旧不改志向，一如既往地努力读书。14岁的时候，他意外得知身世，便离开继父家，借住在亲生父亲的亲戚家。他发誓要报答母亲的养育之恩，振兴范家，光宗耀祖。

他拜师戚同文，数年寒窗苦读，博通儒家经典要义，终于登蔡齐（988—1039）榜，考中进士，入世为官。之后，范仲淹把母亲接到身边奉养，归宗复姓，恢复姓名，实现了兴盛范家的愿望。其家族历久不衰，历代子孙都能够遵循范仲淹留下的祖训，仁厚知善，八百年家风不堕。

闻鸡起舞，方可大展宏图

在西晋，祖逖（266—321）与刘琨（270—318）是惺惺相惜、年少有抱负的两个少年。

他们都有远大的志向，一心建功立业，扭转晋朝动荡不堪、腐朽没落的局面。两人对每况愈下的政局充满忧虑，便时常一起讨论国家大事，相互勉励，谈到畅快之时，常常夜深之际仍不入睡，有时还会同塌而眠。

一天，两人又谈论到深夜。天还没亮时，祖逖被远处传来的鸡叫声惊醒，便推醒了身旁的刘琨，说："你听到鸡叫了吗？"

刘琨侧耳聆听了一会，回答道："是的，有鸡叫声。不过，半夜鸡叫可不是好的预兆。"

祖逖当即起床穿衣，说道："这并非不吉利的预兆，而是叫我们早起用功，不如我们以后一听到鸡叫就起床练剑，如何？"刘琨欣然同意。

之后，两人每天都刻苦读书、练剑，训练本领，直到太阳高高升起，练得满头大汗才肯罢休。寒来暑往，经过长时间的刻苦与坚持，祖逖与刘琨终成能文能武的全才。祖逖被司马睿征召，带兵北伐，收复失地，实现了为国家效力的愿望。刘琨也被任命为征北中郎将，负责管理并、冀、幽三州的军务，大展宏图。

世人称赞二人"闻鸡起舞"，壮志不已，勤学苦练，有古人之风、君子之志。

坚定追求，不以物移

元朝时期，有一个叫王冕（1287—1359）的，他好学不倦、坚定志向的故事为人们所知。

王冕小时候，家里很贫困，7岁就得去田地里放牛。但是他好读书，一心痴迷于读书，又怎能安心放牛呢？王冕常常把牛牵到地里，然后就偷偷跑进学堂，听学生们念书，听老师授课。他一边听，一边用心记住，时常忘了时间，等到傍晚才回家，并把放牛的事情忘得一干二净。

有时牛因为没人看管，践踏了邻居家的禾苗，邻居便会牵着牛找到王冕家，责怪他不好好放牛。每当这时，父亲便异常愤怒，不由分说地将王冕鞭打一顿。可过后，王冕仍不长记性，每天还是会跑去学堂听课，然后再免不了一顿打。王冕的母亲见此，知晓儿子痴迷读书，便劝他的父亲："既然孩子这么痴迷读书，我们何不由着他，别再让他放牛了！"父亲听后，也就同意了。

从此以后，王冕离开家，寄住在寺庙里，白天、晚上都专心苦读。到了夜里，为了有灯光，他坐在佛像的膝盖上，就着佛像前的长明灯诵读，一直读到天亮。那时，王冕年纪还小，寺庙里的佛像是泥塑的，个个面目狰狞，但他却因读书入迷，神色安然，毫不在意。后来，安阳学者韩性听说王冕如此坚定地追求读书，便把他收入门下，教他读书、画画。有了名师的指导，王冕更加勤奋刻苦，后成为通晓儒学的学问家、画家。

他的好学不倦，坚定追求，恰是时人尊重和推崇他的关键原因。

研习学问，是终身之事

说到康熙皇帝玄烨（1654—1722），人人皆知他是清朝少数的贤明帝王。实际上，他也是致力于研习学问的好读书之人，出了名地博览群书、孜孜不倦。他读书治学的态度，久为后人称道。

康熙 5 岁时就知道读书，年少时对读书有着极大的热情，每天都沉浸在经、史、子、集等书籍之中，几乎五更就起床，先读书，再处理公务；晚上处理完公务，再和大臣研习讲论，以至一度积劳成疾。即便如此，他也没有停止，而是继续勤于用工。到了青年时期，他的学识已经非常渊博，对各类知识能够融会贯通，时常与文臣讲说经典。

康熙特别专注于研读儒学经典，更视其为学问的根本。除此之外，他还对自然科学知识十分感兴趣，学习数学、天文、地理，考据书籍，务得其正；研习音韵二十年，即便没有去过的地方，也知晓当地人的口音。据史书记载，他还亲自召见一些精通自然科学的中外老师，比如徐日升、张诚、白晋、安多等人，请他们轮流到内廷养心殿讲学。即便外出巡视，也让张诚等人伴随，以便处理公事之余继续学习、请教。

康熙学习知识之时一丝不苟，还时常亲自动手演算。他说："学问之道，在于实心研究探索。"当张诚给他讲欧几里德几何学、物理学、天文学时，他还特别注重其知识的实际运用，遇到不明白的地方，都要与大臣们反复研讨。

在康熙看来，读书能坚持下来，学有所成，必须先树立志向，有了志向，才有了坚持的动力。立志之后，还要坚持不懈，不能间断，力求做到心无旁骛。为此，他还特别撰写了《读书贵有恒论》，告诫人们读书要持之以恒、敦行不怠，切不可朝勤夕懈，否则只会无所成。正因为他秉持这样的学习态度，所以学识广博而精深。

康熙不但自己坚持读书，还注重子孙的教育。他在宫中设立讲堂，亲自为儿子、孙子讲述几何学知识。一旦遇到哪个子孙对学业不认真、不刻苦，疏忽懈怠，他便会严惩不贷。

康熙勤勉好学，真正做到了少年好学、青年苦学、盛年博学、老年通学。可以说，这不但在古代帝王中很少见，在古代文人中也不常见。如此治学之风，怎不为后人称道？

恭

应世的标格
与德法

第六章

既孝且敬，孝义家风：父母之命，错也不怒

人之行，莫大于孝，这是一种来自心底、不带任何虚伪的情感。"孝"字蕴含着深厚的情感，是一种内心深处的伦理良知和道德情操。只有发自内心的"孝"，才能算得上真正的"孝"。如果我们只是简单地供养父母，而缺乏真正的敬仰和关爱，那还能算"孝"吗？

父母之年，不可不知

孔子讲孝，认为百善孝为先。想要做到孝，把孝变成可传承下去的家风，就要时时刻刻把父母的年龄、生辰记在心中，为父母的寿高而高兴，为父母的寿高而担忧。

孔子游历齐国的时候，途中听到有人哭泣，且声音悲哀，便对随从的弟子们说："这个人的哭声很悲哀，但不是因为丧亲而哭泣。"随后，孔子继续前行，走了一段落，又看到一个人在哭泣，抱着镰刀，戴着生绢，异常悲哀。

孔子下车，询问："您是什么人？"那人回答："我是丘吾子。"丘吾子（约前591—前521），齐国人，年少时周游列国，学成归来后，辅佐齐国国君，侍奉左右。

孔子疑惑地问道："您现在已经不在办丧事的地方，为什么还哭得如此悲伤？"

丘吾子说："我一生有三大过失，到了晚年才有所醒悟，可惜已经晚矣，后悔莫及啊！"

孔子询问他有哪三样过失。丘吾子回答说："我年少求学，周游天下，远离父母，回来时父母已经去世，这是第一大过失；我长期辅佐齐君，但是国君骄傲奢侈，丧失民心，让我的气节和理想不能实现，这是第二大过失；我平时重视友情，到头来，朋友分离，甚至断绝联系，这是第三大过失！树欲静而风不止，子欲养而亲不待。过去的永远不会再回来，我再也见不到父母，就让我离开这个世界吧！"说罢，丘吾子毅然投河自尽。

孔子望着自尽的丘吾子，深有感触，感慨地对弟子们说："你们一定要记住这件事，引以为戒！"之后，弟子谨遵孔子教诲，回家侍奉父母的人越来越多。

子欲养而亲不待，这是人间最大的悲哀。所以，孝应该是一个家族应该传承的家训、家风，牢记父母的年龄、生辰，多陪伴父母、关怀父母，才是尽孝，才能避免抱憾终生！

郯子至孝，鹿乳奉亲

春秋时期郯国君主郯子至孝，历来被后人称道。在传颂不衰的《二十四孝》中，郯子鹿乳奉亲的美德一直被人们视为楷模。

郯子其实是上古时期少昊的后裔，他的父亲对他非常严厉，母亲却十分慈祥。郯子长大后，十分孝顺，处处为父母着想，侍奉父母也很周到。郯子 27 岁的时候，父母患上怪病，同时双目失明。郯子心急如焚，四处寻医问药，打听治疗眼睛的药方。然而，他找了无数的大夫，试验了无数有清心明目功效的药物，都没能治好父母的眼睛。

一天，郯子听说有一个大夫专门治疗眼病，就赶紧前去询问。大夫对他说："想要治疗你父母的眼病并不难，要用到的药物也不是很珍贵，我马上就能给你抓药。但是，用药之前必须找到一味罕见的药引，那就是野鹿的乳汁。"

鹿是食草动物，时时刻刻都会防备食肉动物的袭击。因此，它们经常成群结队地出行，即便吃草的时候也是各有分工，有些鹿负责吃草，有些鹿负责警戒，吃饱了之后再换班。除此之外，鹿的听觉、嗅觉都非常敏锐，一点点风吹草动，都能引起它们的关注。因此，郯子想要活捉一头有乳汁的母鹿，简直难于登天。

可郯子没有退缩，一心想要拿到鹿汁，治好父母的眼疾。一开始，他没有经验，只是盲目地去捕捉，结果连鹿的影子都没有看到。最后，郯子灵机一动，想出一个好办法：自己假扮成鹿，融入鹿群。

郯子先是找到一块完整的、带着头的鹿皮，装扮成鹿的样子，随后又长期待在鹿的粪便中，让自己染上鹿的气味。接下来，他开始模仿鹿的动作，学习鹿的叫声，在野外行走，追寻鹿群的行踪。他学得非常像，简直以假乱真，几次还差点被猎人当成真的鹿射死。功夫不负有心人。郯子终于成功地接近了鹿群，偷偷地挤出鹿的乳汁。有了药引，父母的眼睛终于被治好，得以重见光明。

郯子为父母治病扮鹿取乳汁的事情很快传开，人人都觉得他侍奉父母至诚至孝，品行高洁，学问广博。许多人慕名前来，拜郯子为师，学知识，学做人。有的人直接在他家旁边建造房子住下来，以便向他请教学问。孔子也仰慕郯子的贤名，前来请教，接受他的教诲。后来，人越聚越多，在郯子家周边形成一座小城，人们就把这里称为郯国，奉郯子为国君。

郯子至孝，人们被他的美德折服，自愿聚集到他的身边，奉他为国君。家风渐渐变成民风、国风，孝义流传，这便是中华文化、信念得以流传的关键所在。

子路负米，念念不忘养育恩

子路（前542—480），孔门七十二贤之一，也是孔门十哲之一。他性情耿直，好勇尚武，年少时不喜欢孔子的学说，后来被孔子感化，拜入孔子门下。成为孔子弟子后，他依旧不改直爽的性格，但知错能改，又非常孝顺，所以深得孔子喜爱。

子路年少时，家境贫寒，常常只能用野菜充饥。长大后，子路便觉得应该让父母吃得好一些。家里没有米，附近也没有人卖米，子路想要买到米，必须去百里之外的地方，买到米之后还要背着回家。因为家中钱财不多，所以子路每次都要步行前去买米。

不管是寒风刺骨的冬季还是烈日炎炎的夏季，子路从未间断过买米。有些时候，遇到下雨下雪的天气，道路难行，子路就更辛苦了，搞得满身泥泞，疲惫不堪。

有人劝他天气不好的时候就不要去了，但是子路却时时刻刻念着孝顺父母，坚持为父母背米。

多年以后，父母双双过世，子路因受楚国国君赏识，被邀请到楚国做官。此时子路拿着丰厚的俸禄，出行时有过百辆车马随行，每天都享受着锦衣玉食。可即便如此，一想到父母已经不在，不能再尽孝，子路便闷闷不乐。

他时常怀念父母，感叹地说："我现在还想要吃野菜，还想要为父母去百里外背米，却永远做不到了啊！"孔子赞扬子路的孝义，说："子路真是个孝顺的人啊！父母在世时处处尽力，父母去世后时时思念！"

　　父母的养育之恩不会因为父母的离世而停止，父母的恩情是子女一辈子也报答不完的。父母在世时，倾尽全力报答；父母过世后，时时思念，不忘恩情，这才是真正的孝。以此传家，才能建立起孝义的家风。

为继父讨饭，举为孝廉

李彪（444—501），北魏时期名臣，才华横溢，性格忠贞，以孝闻名。

李彪本姓孟，因父亲去世，母亲难产而死，成为孤儿。幸好邻居李钦收养了他，将他抚养长大。可是在他 8 岁的时候，养母也因患重病去世了。

一天，养父李钦听算卦的人说李彪命硬，所以才克死了生父母和养母，于是马上把他赶出家门。李彪无处可去，只能沿街乞讨。虽然被养父赶出家门，李彪却不恼不恨，心中仍惦记养父的抚养恩情，想着孝敬养父。

他每天都去乞讨，乞讨来的干粮也不舍得吃，而是积攒下来，送给养父。因为养父不让他进门，所以他就把干粮放在门口。

后来，养父身患重病，卧床不起，李彪每天都把讨来的食物送到病床前，细心照料，救活养父。李彪如此孝顺，感动了李钦，也感动了当地百姓，被人们推举为孝廉。

后来，李彪到了京城，孝文帝即位后，任他为中书教学博士。在给孝文帝的奏章中，他强调了孝的重要性，表示官员如果遇到父母去世，都应该守孝，服满丧期再入仕；实在无人能替补的，可以用特殊的诏书来劝勉，让他继续任职。孝文帝很是赞许，按照他的建议执行。

后来，冯太后病逝，南朝齐王派使者前来吊丧，非要穿着朝服凭吊。李彪据理力争，引经据典，终于让他们改穿吊服，维护了孝文帝的孝义和北魏的威严。事后，李彪奉孝文帝之命，到南齐酬谢，齐王招待他的时候，大摆宴席，席间还奏起鼓乐，甚是隆重。李彪当面感谢齐王，然后郑重地说："我朝正处于大丧期间，作为使臣，我怎能不顾礼、孝之道，享受美食和音乐呢？"齐王听后，对李彪赞赏有加，等他返回北魏时，不但亲自送琅琊城，还命群臣赋诗欢送。

即便养父将自己赶出家门，李彪仍不计前嫌，讨饭奉养，可见其孝心。国家大丧，李彪宣扬孝义，礼劝他国使者着吊服吊唁，拒绝享受，拒绝娱乐，可谓将孝义根植于心。

事母辞官，俊杰潘安

"貌比潘安"，是形容男子英俊貌美。众所周知，潘安是古代美男的典范，事实上，他不但貌美，还多才，更讲究孝道。

潘安（247—300）原本叫潘岳，字安仁，古人讲究押韵，便把"仁"字省略，称为潘安。他出身官宦世家，从小聪慧，被人称为"神童"。12岁时，父亲的朋友杨肇赏识他的才气，将女儿许配给他为妻。

潘安与妻子杨氏的感情极深，可惜杨氏命薄，早早因病去世。潘安时常思念亡妻，还为她写下三首《悼亡诗》。到20岁时，他在贾充的幕府任职，后被任命为河阳县令。泰始年间，晋武帝在王室的公田里播种劳作，鼓励大臣百姓重视农业生产。潘安为晋武帝作赋，受到赞赏和推崇。

潘安是个大孝子，父亲去世后，将母亲接到家中侍奉。他喜欢种植花木，每当园中鲜花盛开的时候，便会挽着母亲赏花散步，愉悦心情。有一年，母亲身患疾病，人一患病便会思念家乡，常常谈起故乡往事。潘安知晓母亲的心思，便主动辞官，陪伴母亲回乡，安享晚年。

同僚、上级都认为潘安才华出众，大有作为，不应该贸然辞官，潘安却说："若是因为荣华富贵而不孝顺母亲，岂不是枉为人子？"上级被潘安的孝义感动，欣然允许他辞去官职。

回到故乡后，母亲心情顺畅，病竟痊愈了。潘安则种起了田，不但种植母亲喜欢的蔬菜，还拿这些蔬菜到集市里卖钱，给母亲买爱吃的东西。

他还养了一群羊，每天挤羊奶，让母亲能喝上新鲜的羊奶。就这样，在潘安的悉心照料下，母亲得以安享晚年。

潘安事亲至孝，辞官侍母，可谓古人孝义之典范！正因为这样，他的故事被列入《二十四孝》，广为流传。

拒绝征召，临淄江巨孝

江革是临淄有名的孝子，他幼年丧父，与母亲相依为命。

当时正值东汉初年，王莽篡位，天下大乱，盗贼四起，百姓无不四处逃难。江革只能带着母亲逃难，虽异常艰辛，却总是尽心照料母亲，拼力保全母亲。每逃到一处，他都想办法采集能够充饥的东西，如野菜、树叶等，然后先让母亲吃饱，自己尽量少吃，甚至有时几天都吃不上一点东西。只要找到水源，他总是先端给母亲喝，然后自己喝得饱饱的，继续背着母亲赶路。

在逃难途中，想要吃到东西已经是难事，更难的是还可能遇到贼寇。一天，江革母子遇到了一伙盗贼。那伙人将他抓住，并强迫他一起当强盗。江革又惊又恐，哭着哀求："求求你们放过我吧！我的母亲年纪大了，只有我一个儿子，如果我走了，母亲如何能活下去？"说完，他一边哀求，一边痛哭起来。盗贼起了怜悯之心，竟放过了他们。

后来，江革带着母亲逃到下邳（今江苏省睢宁县内），终于有了安定的落脚点。他对母亲更加孝顺，每天都辛苦做工赚钱，养活母亲，为母亲治病。有时母亲需要到外地去看病，他担心牛拉的车子颠簸，竟自己驾辕拉车，让母亲坐得更舒服。

很快，江革的孝行传播开来，人们都称赞他，并称他为"江巨孝"。

郡守听闻江革的德行，多次带着厚礼征召他，他都因为担心母亲没人照顾而拒绝了。后来，母亲去世，他哭得死去活来，甚至因为悲伤过度而吐血。不仅如此，他还在母亲坟墓旁搭了一间茅草房，守孝三年。

等到三年孝满，他还是不忍离去，等到郡守再次征召，才恋恋不舍地离开，到官府中任职。古人为父母守孝，按照礼法，最高就是三年。可见，江革之孝心啊！

小事见孝心，如黄香温席

"香九龄，能温席。孝于亲，所当执。"《三字经》中的"香"，就是东汉时期的黄香（约68—122）他小小年龄，却知道孝顺父母，至真至纯，因此得到"天下无双，江夏黄香"的美名。

黄香的父亲是个贫穷的读书人，虽然后来被举为孝廉，做过小吏，但是在黄香年幼的时候，却穷得家徒四壁。在黄香9岁的时候，母亲就去世了。孝顺的黄香，日夜痛哭，好几天水米不进，等到给母亲送葬的时候，都走不动路了，但是他即便是爬，也爬着去送葬。乡亲看小黄香如此孝顺，无不感动得落泪。

母亲去世后，黄香与父亲相依为命，日子过得更加艰难。他不但学着帮助父亲料理家务，还抢着下地种田、收割粮食。他非常体恤父亲的辛苦，在炎热的夏天，总是用扇子把席子和枕头扇凉，把蚊子赶走，再让父亲舒服地休息；到了寒冷的冬天，就先躺进被窝，用自己身体的热量把被子温热，再让父亲躺进来睡觉。

12岁那年，他的孝行被江夏太守刘护知晓。刘护特意召见他，夸奖他为"门下孝子"。于是，乡亲们奔走相告，都说黄香"天下无双"，将来必定有大出息。果然，黄香后来成为学问、品行兼优的名士。

"温席扇枕"，从表面上看不过是生活小事，但它体现了虔诚的孝心。因此，后人时常称赞黄香，并借用"温席""扇枕"来歌颂事亲至孝。比如，岑参的"手把黄香扇，身披莱子衣"，孟浩然的"昏定须温席，寒多未绥衣"。

孝心没有大小，孝子也不分年龄。正是小事，才突出了孝心之诚；正是年龄小，才彰显了黄香的至纯至真。从内心自然萌发、激发出来的孝，不正是应该传承和发扬的吗？

谨守《孝经》，孝悌著称

赵弘智（572—653），曾在隋、唐两朝做官，他博览群书，有丰富的文史知识，尤其精通《孝经》，以谨遵孝悌之道著称。

永徽初年，赵弘智奉唐高宗之命在百福殿为宰相、弘文馆学士以及太学儒生讲《孝经》，表示天子、诸侯、卿大夫、士、庶人都应该奉行孝道。唐高宗听后，说道："《孝经》是我常读的典籍，它对于宣扬孝这一德行，作用实在太大了，你应该扼要地陈述《孝经》中的重点，以弥补我为政的缺失。"

赵弘智说道："以前的天子，只要有七位谏诤之臣辅佐，即便没有好的道德学问，也可以维持统治。微臣虽然愚昧，仍愿意为陛下效劳。"唐高宗非常高兴，特给予他丰厚的赏赐。

赵弘智不但精通孝道的理论，善于讲《孝经》，还能身体力行，谨遵孝义之道，孝顺父母。

他早年丧母，深知父亲抚养自己与哥哥的不易，非常孝顺父亲。父亲去世后，也能向侍奉父亲一样侍奉兄长，把所得俸禄都交给哥哥保管、支配。后来，哥哥也去世了，赵弘智哀痛万分，为兄长服丧致哀的时间超过礼法的规定。他还尽心尽力地抚养侄子，就像疼爱亲生子女一般。

赵弘智大能为帝王讲《孝经》，小能孝顺父亲，敬重兄嫂，抚养侄子，真正做到了知孝、守孝、传孝！

第七章

男儿热血，以国为家：祖国有难，应做前锋

国若不存，何以为家？爱国是人们对自己祖国的深厚感情，反映了个人与祖国的强烈依存关系，是人们对自己故土家园、民族和文化的归属感、认同感、尊严感与荣誉感的统一。它是调节个人与祖国之间关系的道德要求、政治原则和法律规范，也是民族精神的核心。

匈奴未灭，何以为家

霍去病（前140—前117）是历史上少有的少年将军，才华天纵，踏破匈奴，封狼居胥。当然，关键的是，霍去病以国为家，以歼灭匈奴为终身己任，把自己光辉绚烂的青春完完全全地献给国家和百姓！

其实，霍去病的出身并不好，父亲霍仲孺、母亲卫少儿都是平阳公主家的奴仆。只是因为姨母卫子夫被汉武帝宠爱，当上皇后，他才有机会成长在优裕富贵的环境里。

霍去病少年习武，与舅舅卫青一样，擅长骑射。汉武帝很喜欢他，让他在身边做近侍，还亲自教授他学习《孙子兵法》《吴子兵法》。后来，卫青大破匈奴，取得漠南之战大捷，解除了匈奴对河套地区的侵扰。汉武帝对卫青的功勋大加赞赏，霍去病见到舅舅的战绩，也跃跃欲试，一心想参军入伍，抵抗匈奴，保家卫国。

几年后，汉武帝再次发动漠南之战，派卫青进攻匈奴。当时只有17岁的霍去病向汉武帝请求随舅舅出征。汉武帝欣赏他的一腔热血，任命他为嫖姚校尉，卫青则挑出八百骑兵由他率领，目的就是锻炼他。

没想到，霍去病第一次出征便立下奇功。他凭借一身虎胆，率领八百轻骑，离开大军，在渺无人迹的草原上急行数百里，直奔赴利。然后奇袭匈奴大营，斩杀与俘虏敌人2028人，包括匈奴单于的叔祖父、叔父、相国、将军等贵族与高官。

大军凯旋后，汉武帝十分高兴，大声称赞道："你虽然年纪轻轻，一上战场便像猛虎一般，勇冠三军，我要封你做冠军侯！"随后，皇帝果然封霍去病为冠军侯，食邑 1600 户，更加宠爱和看重他。

此后，霍去病又多次出征匈奴。元狩二年（前 121），霍去病被任命为骠骑将军，率领万骑越过焉支山 1000 多里，闪电奇袭，六天灭五国，最后在皋南山下与匈奴重兵遭遇。在战斗中，霍去病舍生忘死，浴血奋战，斩杀匈奴折兰王、卢胡王，歼灭 8900 人，迫使浑邪王以及 4 万匈奴人投降。这一战，汉朝夺回河西走廊，设立了酒泉、武威、张掖、敦煌四郡，加强了对西域的管理。

两年之后，汉武帝派卫青、霍去病各率兵 5 万，深入漠北，寻歼匈奴主力。霍去病孤军深入，驰骋 2000 余里，越离侯山，渡弓闾河，袭击匈奴左贤王，几乎将其全军歼灭，人数达到 7 万多人，同时活捉匈奴屯头王、韩王，以及相国、将军等贵族与高官 86 人。接着，霍去病追击到狼居胥山，登山筑坛，举行祭天封礼，又在姑衍山，举行祭地禅礼，宣示大汉国威。祭祀完毕，霍去病继续率军北上，饮马瀚海，并勒石刻碑，然后率兵凯旋。

经此一战，匈奴单于逃到漠北，漠南再无王庭。这是汉朝进击匈奴最远的一次，也基本上解除了匈奴对边境的威胁。霍去病厥功至伟，汉武帝不仅升他为大司马，加食邑，还特意为他修建了一座豪华住宅。

可是当汉武帝兴高采烈地让他去看新宅时，他却信誓旦旦，正言谢绝："匈奴不灭，无以家为也。"汉武帝和满朝官员听了这话，无不称赞他为国忘家、一心为国的精神！

只可惜天妒英才，两年后，霍去病突然病逝，年仅 23 岁。汉武帝悲痛欲绝，百姓无不涕泪滂沱。

霍去病，17 岁出征匈奴，初战封侯，六次出击匈奴，歼敌 11 万余。他的一生是短暂的，但是他的人生却是辉煌壮丽的。他一心为国，拼死杀敌，不计个人私利，其热血豪情至今激励和感染着世人！

威武不能屈，宁死不叛国

说起段匹磾（音 dī，? —321），可能很少有人知晓。不过，他却是忠心耿耿、宁死不叛国的英雄，颇有古人"威武不能屈"之风。

段匹磾，鲜卑人，父亲段务勿尘是鲜卑段部首领，因为协助东海王征讨有功，被西晋朝廷封为辽西公。307 年晋怀帝即位，段匹磾感念朝廷恩德，誓死效忠。父亲去世后，他的兄长段疾陆眷继位为鲜卑段部单于，段匹磾则率部协助晋朝军队与前赵政权的大将石勒作战。

由于石勒势力强大，乐陵太守邵续父子认为不足以抵挡，便想归降于他。当时，段匹磾担任幽州刺史，便写信给邵续，以大义相劝，劝他奋力抗击，拥戴晋元帝司马睿。邵续深受感动，不顾石勒以儿子的性命威胁，毅然归顺晋朝。

同时，段匹磾联合刘琨、段疾陆眷等人，推刘琨为大都督，联合对抗石勒。没多久，段疾陆眷因病去世，段匹磾由刘琨儿子刘群陪同前去为哥哥奔丧，并准备自任单于，继续为晋朝效力。

之前他的叔叔涉复辰、堂弟末波意志不坚定，在对抗石勒的过程中时常动摇，现在见段匹磾想拥兵自立，便生起野心，想要除掉段匹磾。尤其是末波，更是野心勃勃，不但袭击段匹磾，俘获刘群，还杀死了涉复辰，自立为单于。

与此同时，末波还引诱刘群，让他写信给刘琨，说只要刘琨做内应，联合攻击段匹磾，便让他做幽州刺史。不料，信件和送信使者被段匹磾截获。段匹磾中了末波的当，以为刘琨真的要背叛自己、伤害自己，不由分说杀死刘琨，并攻占了并州。如此一来，晋朝各势力的联合被破坏，段匹磾的力量变得孤单，且腹背受敌，不但要对抗石勒势力，还要防备末波的袭击。无奈，段匹磾只好前去投靠邵续。

这个时候，末波趁机攻击，段匹磾大败，并受了伤。然而，他的忠心始终未改，一心与叛晋的末波斗争。他对邵续说："国家正遭受前所未有的灾难，我希望我们能同仇敌忾，以报答昔日君王对我们的恩赐。"邵续敬佩段匹磾的大义，表示愿意与他站在一起，共同抗敌。

只可惜，在后来的交战中，邵续兵败被俘。之后，石勒的儿子石虎率兵围攻乐陵，段匹磾派弟弟文鸯率兵出城杀敌，但因寡不敌众被俘。文鸯受哥哥教导，誓死不降。段匹磾知道孤城难抵石虎大军，便决定单骑逃回晋廷。

谁知邵续的弟弟邵泊拦住了他，逼迫他投降石虎，并准备把朝廷的使者捆绑起来，送给石虎。段匹磾正言斥责道："你不能尊兄长的志向让我不能归朝，是不忠不义，现在又想抓天子使者，真的是倒行逆施啊！"

随后，他对晋廷使者表明忠心，说："我受到朝廷重恩，不忘忠孝，今日情势所逼，想向朝廷认罪，却因为被逼迫不能尽忠，如果将来我不死，必不忘本！"

然而，段匹磾还是被石虎俘虏了，押到襄国。石勒欣赏段匹磾，封他为冠军将军，段匹磾仍心系晋廷，不但不接受封赏，也不向石勒行礼。一年后，段匹磾与旧部密谋起兵，事迹败露，被石勒杀害。

威武不能屈，富贵不能淫，这便是段匹磾的气节。其忠心可昭日月，更成为美谈！

义阳朱序，母子皆忠烈

朱序（？—393），出生义阳郡（今河南桐柏县）将门，父亲朱焘曾任益州刺史，是晋朝时很有名望的将军。他的母亲韩氏也很不一般，虽为女性，却精通武艺，颇知谋略。

朱序父母平时对他要求极为严格，不但教他行军布阵，更教他忠君爱国。正因如此，在父母的教育和熏陶下，朱序有勇有谋，有忠有义，成为当世名将。

朱序年少的时候，就跟随父亲在战场上杀敌。因为平定梁州刺史司马勋叛乱有功，他被封为征虏将军，随后被任为梁州刺史，镇守襄阳。襄阳历来是兵家必争之地，又是东晋的边防重镇，所以，朱序日夜操练兵马，坚守城池，丝毫不敢懈怠。

当时前秦苻坚基本上统一了北方，便派儿子苻丕领兵数万南下，进攻东晋，企图拿下襄阳。面对前秦大军兵临城下，朱序严阵以待，据城固守。

与此同时，韩氏也想要协助儿子守城，不但亲自登上城头巡视，还组织城中女子训练杀敌。她认为城西北角尤为重要，一旦被敌人占据，整个襄阳城必将失守。于是，她亲自披挂上阵，带领100多个婢女背石砌墙，又动员全城女子日夜修墙，终于修建完成一座高20多丈的新城墙。

果然，苻丕猛攻西北角，很快将其攻下。关键时刻，韩氏亲自登城督战，指挥士卒拼死杀敌，一次次杀退登城的前秦兵。全城士兵百姓见韩氏年纪老迈，仍不顾生死，顿时士气高涨，拼死御敌，死守城池。

苻丕多次发起猛攻，都不能攻下，只好引军撤退。襄阳城转危为安，全城百姓夸赞韩氏的功绩，都说幸亏有了她带领百姓修建新城，襄阳才得以保全。于是，人们将这座新城称为"夫人城"。

半年之后，苻坚亲自领兵南下，大举进攻襄阳。朱序部将李伯护贪生怕死，投降前秦，导致襄阳城破，朱序和母亲韩氏被苻坚俘虏。李伯护以为自己立了大功，定会得到高官厚禄，没想到苻坚痛恨他的不忠，一刀将他斩杀了！朱序虽被俘虏，但谨记母亲训诫，身在秦营仍不放弃，一心寻找机会，为国立功。

太元八年（383），淝水之战前夕，苻坚派朱序前去劝降谢石。朱序假意前去劝降，暗中却建议谢石立即兵渡淝水，速战速决。果然，谢石出其不意，数次击败秦军。苻坚便让军队后移，准备渡河突击。

正在前秦大军后撤之时，朱序等人趁机在军中大喊："秦军败了，秦军败了！"秦军顿时大乱，以为前秦军真的大败，于是亡命逃窜，互相践踏，死者不计其数。晋军全力出击，大获全胜。很快，朱序重回晋廷，被封为龙骧将军，豫州刺史。

千百年来，"夫人城"始终矗立在襄阳，朱序母子的忠烈故事也一直流传至今。朱序虽兵败，但是忠义守节，矢志不渝，不失为忠义将军。

忠臣不事二君，虞悝举家赴义

忠臣不事二君，忠仆不侍二主。从古至今，多少有志之士忠贞不已，宁死也要守节，忠于国、忠于家。东晋虞悝（？—322）便是其中之一。

东晋建立初期，大士族王导、王敦一内一外，把持朝廷大权，形成"王与马，共天下"的格局。晋元帝担心王氏势力太大，便想着削弱其权势，重用心腹之人，对内疏远王导，对外防御王敦。

王敦很是不满，以诛杀刘隗为名，起兵反叛，企图自立。为了扩大声势，他还派属下桓黑联合湘州刺史司马承，约他一起攻打建康。司马承忠于朝廷，不愿反叛，但同时也担心守卫的长沙势力孤单，不能抵挡王敦，于是决定联合当地豪杰共同抵御叛军。

司马承知道虞悝有好操行、有名望，决定招揽和重用他。当时，虞悝正在为母亲服丧，司马承亲往吊唁，并诚恳地对他和他弟弟虞望说："我之所以来镇守湘州，目的就是防备王敦。现在王敦造反，我作为一地长官，理应率所部将士勤王平叛，以救国家之难。无奈士兵少，粮草乏，力不从心。而且，我刚到这里，恩义未结，百姓还不信任我，你们兄弟是这里的豪俊之士，虽在服丧期间，也恳请投身战事，报效国家！"

虞悝兄弟备受感动，慨然应允，并建议司马承不要主动出击，而是积极防守。司马承欣然接受建议，命虞悝为长史、虞望为司马，负责统率各路军队，联合各郡太守一起声讨王敦。

湘州各郡纷纷响应司马承，只有王敦的姐夫郑澹不愿意响应，于是司马承便命虞望率军讨伐，斩杀了郑澹。王敦大怒，立即派大将魏乂率军攻打长沙。司马承、虞悝担心不能抵挡，派使者出城寻求援助，但派出的人都被叛军截获，长沙成为一座孤城。

此时，王敦已经攻入建康。司马承、虞悝得到消息，虽万分怅惋，但仍积极率领全城军民坚守城池，一次次击退魏义的猛攻，杀死大批叛军。然而，由于外无援助，内无粮草，将士们死的死、伤的伤，损失惨重。最终，在坚守100多天后，长沙被攻破，虞望力战而死，司马承、虞悝拼死抵抗，力竭被俘。

魏义痛恨虞悝，将其斩首示众。虞悝视死如归，慷慨就义，其忠贞为国、不事二君的气概深深感动子弟们，全家人也都慷慨赴死。

后来，王敦之乱被平定，朝廷追封虞悝为襄阳太守，虞望为荥阳太守，并特派使者到其墓前祭奠，以此表彰为国尽忠的虞氏阖门。

虞悝兄弟在国家有难之时毅然投身战事，在抵抗叛军之时拼死杀敌，又在兵败被俘之时举家赴义，如此大义，如此忠贞，应该为后人牢记和称颂，其家风更应该大加宣扬和流传。

大义朱伺，舍家卫国

朱伺，晋朝人，以勇武闻名。东晋初建时，他已经年过六十，因多次平叛有功，被封为广威将军、竟陵内史。

西晋末年，政局不稳，各势力割据一方，拥兵作乱。新野王司歆账下的南蛮司马杜曾野心勃勃，伺机起兵，杀死原竟陵太守胡亢，接管他的部众，自称南中郎将、竟陵太守。于是，朱伺随同荆州刺史王廙前去讨伐。

杜曾见官军来势汹汹，假意投降，并表示愿意配合官军消灭其他割据势力。朱伺深知杜曾为人奸诈，劝告王廙说："杜曾非常阴险狡猾，他并非真心投降，目的是引诱我军西上荆州。我军主力一旦离开，他便会偷袭扬口，到那时我军定会大败。"可是，王廙骄傲自大，并不听劝告，反而指责朱伺贪生怕死，因为家人在这里，不愿意西行。朱伺有口难辩，只好率军向荆州进发。

果然，官军刚一离开，杜曾又叛变了。王廙追悔莫及，立即让朱伺返回扬口镇。然而，朱伺刚进入扬口镇，便被杜曾猛烈围攻，危在旦夕。当时，杜曾的部下马隽指挥叛军攻城，而其家属还在城内。有人把他的家属抓了起来，并建议把他们全部杀掉，来挫叛军的威风。朱伺却说这样只会激怒马隽，不是好办法，并放了他们。

随着叛军的攻势越来越紧，扬口镇的北门陷落。朱伺一边撤退一边杀敌，身先士卒，全身上下沾染鲜血，仍在战斗。好不容易逃到对岸，他已经浑身是伤，且较为严重。这时，杜曾派人前来劝降，来人对他说："马隽将军感念您的大恩。现在您全家老小也由将军保护照料，希望您能投降，好与妻儿家人团聚！"

朱伺大义凛然，断然拒绝："我身受朝廷重恩，怎能与你们一起做贼，落个不忠不义的罪名？我已经六十多岁了，即便死去，也要向朝廷尽忠，将尸首运回朝廷！至于我的妻儿老小，就交给你们了，你们看着办吧！"说吧，朱伺找来马匹，忍痛回到王暠大营，不久便因伤势过重去世了。

朱伺一心平叛，舍家为国，誓死不投降，其大义之怀实为可敬！

捐躯赴国难，视死忽如归

　　江子一（489—548），南朝梁的烈将。他的先祖是西晋名臣江统，父亲江法成在朝廷为官。江家兄弟几人，个个好学，有志向，且德行好。他们从不巴结逢迎，不管什么时候都保持气节，宁死不屈，视死如归。

　　太清二年（548），东魏侯景叛变，声势浩大，气势嚣张，先后攻占寿阳、谯州、历阳，直指长江。梁朝乱作一团，梁武帝萧衍匆忙调集兵马抵御侯景。

　　这时江子一担任南津校尉，奉命率领一千多名水兵，在下游采石江面截击叛军。然而，他的副指挥董桃生却贪生怕死，与一些江北士兵串通一气，逃回江北。顿时，军心大乱，士兵们个个都无心应战。江子一无奈，只好收集人马，退回建康。

　　同年十一月，侯景渡过长江，围困建康。梁武帝平日里无心政事，只知道礼佛，再加上不把侯景叛乱之事放在心中，错误地委任侄子萧正德为统帅。萧正德也有私心，被侯景蛊惑，与其相互勾结，反向倒戈。

　　梁武帝不但不反省，反而责怪江子一不战而走。江子一当即口头谢罪，并表示忠心："微臣早已以身许国，唯恐不能为国而死，但由于部下临阵逃散，军心大乱，实在不能抵挡叛贼！如今叛军兵临城下，微臣愿意发誓，定会拼死杀敌，万死不辞！"梁武帝被他的话感动，不再责怪。

　　之后，江子一趁叛军尚未围拢之际，与弟弟江子四、江子五率领100多名精兵，从承天门冲杀出去。江子一身先士卒，冲破敌人包围圈，直接来到叛军大营门前，大声喊道："叛贼，快来与我决一死战！"一时间，叛军被他的气势吓到，不敢应战。

可是等到叛军看清江子一只带领 100 多人时，便呼啸着向他们冲杀过来，并将其团团围住。江子一三兄弟拼死杀敌，多次杀退叛贼，但终究寡不敌众，全部战死沙场。

很快，建康陷落，侯景为了收买人心，仍奉梁武帝为皇帝，但是把他囚禁起来。曾经不可一世的皇帝备受苛待，竟活活被饿死！后来，侯景之乱被平定，朝廷为了表彰江子一兄弟三人，追赠三人为侍郎，世人也称赞他们为"济阳忠壮""江氏三义"。

江子一兄弟三人，捐躯殉难，赴死如归，虽然无力挽救朝廷危局，但也是英风劲节的忠臣，值得后人敬仰！

岳母刺字，还我河山

岳飞（1103—1142）是我国著名的民族英雄，带领岳家军抵抗金兵，浴血沙场，收复失地，为千古传诵。

岳飞之所以能成为民族英雄，离不开岳母的教育。岳母是一位深明大义的母亲，虽然身为普通农妇，却费尽心血教育儿子为人正直，成长为顶天立地的男子。在她的支持下，岳飞年少时便拜师学艺，练就一身好武艺。

当时宋辽频频交战，朝廷征召年轻人抵御辽军。岳飞一心参军，积极应征，岳母也全力支持，从不阻拦。参军后，岳飞表现突出，带兵生擒了作乱的贼首。后来，岳父病故，岳飞回到家中，为父亲守孝，之后再次投戎。

宣和七年（1125），金灭辽之后，大举南侵，宋朝当权者腐败无能，委曲求和，不但敬奉大批金银，还割让了太原等三镇。第二年，宋钦宗反悔，金军再次南侵，围困开封，烧杀掠夺。从战场突围回到家乡的岳飞，目睹了百姓惨遭杀戮、奴役，愤慨不已，想要再次投戎。但是母亲老迈，妻儿力弱，一家人如何在乱世中保全呢？

就在岳飞犹豫之时，岳母主动勉励岳飞从戎，希望他能奋勇杀敌，保家卫国。为了勉励岳飞，还在他的后背刻上"尽忠报国"四字为训。当时，很多母亲不希望孩子参加，岳母却与一般母亲不同，大义凛然，励子从戎，真是令人敬佩！

之后，岳飞始终牢记母亲教诲，奋勇杀敌。慢慢地，他的勇猛与武艺显露出来，受到名将宗泽的赏识，称赞他"智勇才艺，古良将不能过"。宗泽死后，岳飞继续与金兵作战，多次大败金兵，收复了大部分被金兵侵占的土地。他两度北伐，节节胜利，让金人闻风丧胆。

然而，就在他极力抗敌之时，以秦桧为首的一伙人却屡屡向宋高宗进谗言，不但劝皇帝与金人讲和，还私通金国，企图陷害于他。他们用十二道金牌把岳飞召回京城，然后以"莫须有"的罪名将其害死于风波亭。

就这样，一代民族英雄岳飞枉死，年仅 39 岁，只在供状上留下八个大字："天日昭昭，天日昭昭！"岳飞死讯传出，百姓们无不为之痛哭流涕，然而金人却大加庆贺，实在可悲可叹！

岳飞虽然只活了 39 岁，但他的尽忠报国、凛凛正气，无人能及。正如文天祥所说："岳先生，我宋之吕尚也。建功树绩，载在史册，千百世后，如见其生。"这一点从历代各地不断修建岳王庙，无不推崇其大作《满江红》就可见一斑！

国士陆放翁，一家全义士

陆游（1125—1210），一生爱国，为后人留下无数爱国诗作，"位卑未敢忘忧国，事定犹须待阖棺""死去元知万事空，但悲不见九州同"，无不感人肺腑，为世人传诵。

陆游生逢北宋灭亡之际，少年时受到爱国思想的熏陶，坚持抗金，反对求和，一生都在为收复失地而努力。然而，当时朝廷以及大多数百姓已经沉浸于偏安一隅，陆游得不到理解，仕途也是不如意。为此，他将壮志未酬、爱国之志全部寄托于诗篇之中，希望能唤醒麻木的人们，激起人们的爱国之心。

陆游十分注重家风，注重对子女的教育，一生留下二十六则家训，一百多首教育子女的诗歌。在家训中，他告诫子女要先成人，后成才；要懂得宽容、厚道、恭敬、谨慎，不要与轻浮的人来往；要养成良好的习惯，成为一个有用之才。

在陆游的教子诗歌中，最典型的便是《示儿》和《五更读书示子》。他将自己的爱国思想蕴含其中，对子女寄予厚望，希望他们不忘爱国爱民，不忘守国济民，"于国有用，于家尽责，于义无暇，于德无亏"。

在陆游的教导下，在家风的熏陶下，其后人不论为民为官，都做到了忧国忧民、正直大义。他有六个儿子，四个为官，清廉正直；孙子陆元廷，继承陆游遗志，为了抗敌奔走呼号，后来因为南宋灭亡，做了亡国奴，忧愤而死；曾孙陆传义，听说南宋残兵在与元兵交战时败于崖山，誓死不愿当亡国之奴，绝世而亡；玄孙陆天骐，参加了崖山之战，战败后为避免被元军俘虏，投海自尽。

陆家，一家义士，从儿子到玄孙，满门忠烈，不负陆游遗志。

血性男儿，失血不可失气节

顾炎武（1613—1682）出身江东望族，因堂伯顾同吉早逝，未留下子嗣，过继给堂伯为子。顾同吉妻子王氏未婚守节，独立抚养顾炎武成人。

王氏性格刚强，心灵手巧，又很有修养和见识，因此给了顾炎武很好的教育。在顾炎武四五岁的时候，她便开始教他读书写字，等到顾炎武进了家塾读书之后，也常常检查、考问他的功课。王氏教导顾炎武要成为学识渊博、品格高尚的人，并时常用岳飞、文天祥、方孝孺的故事教导他要正直守节、忠贞报国。

顾炎武的祖父顾绍芾也教育他要报效国家。18岁那年，他在科考中得了一等，兴致勃勃地向祖父报喜。见祖父正伏在桌上抄录邸报，他便恭恭敬敬地将自己的文稿递过去。祖父接过手稿，随手放在书案上。

顾炎武很是失望，祖父观察到他的神情变化，语重心长地说："孩子，读书人要学习切实有用的学问，要培养正直高尚的品德，如此才能成为对国家有用的人才。对于个人的功名利禄，你不应看得太重！况且，如今国家正值多事之秋，内忧外患，朋党相争，做官的贪赃枉法，领兵的拥兵自重，读书人则只顾着谈那些无用的学问，如此下去，国家哪能不亡啊？！你要将个人名利置之度外，为报效国家而奋斗啊！"说罢，老人家泪流满面。

顾炎武深受震撼，决心投身报国，挽救国家于危亡。后来，清军入关，顾炎武谨记长辈教诲，毅然投入抗清复明的斗争之中。他四处辗转奔走，组织反清活动，虽深陷危险，却舍生忘死。

后来，顾炎武趁机回到家乡，探望年迈的母亲，谁知一进家门便被告知：

母亲在昆山陷落后，忧愤绝食已经十几天。顾炎武匆匆去见母亲，跪在母亲床前，痛哭不已。王氏已经奄奄一息，仍告诫他道："我年纪大了，不能为国家、民族做什么事情了。如今国破家亡，只有以死殉国，才能留一点正气在人间！孩子，你是个血性男儿，一定不能失去气节，不能投降清兵啊！"没多久，老人家便去世了。

顾炎武悲痛之余，谨记母亲教诲，发誓绝不会投降，绝不做对不起祖宗的事情。他说到做到，一生都在反清，以诗社为掩护，联合有民族气节的志士进行抗清活动。

后来，顾炎武多次入狱，仍不改志向，甚至将家产全部卖掉，孑身一人，传播明道救世的思想。再后来，康熙开博学鸿儒科，招揽明朝遗民，顾炎武始终不肯应召，表示"耿耿此心，终始不变"。

顾炎武博学多才，始终不肯失节，真正做到了母亲所教诲的"血性男儿"，尊长辈之命，承长辈之风！

篇四

俭

理世的方向
与气度

第八章

廉而不刿，家门之幸：祸生于欲，福生于抑

欲望是一种生物本能，在一定程度上也是驱使人们积极向上的动力。但这不是说，我们应该放任所有欲望。欲望一事，务必克制。当我们能够克制私欲时，就能保持冷静，坚守信念，保持永远前进的动力，维护自己的节操。相反，一旦欲望泛滥，就会产生贪婪。一旦开始贪婪，人就会无休止地索取与追求，最终导致纵欲成灾。

金珠不载载石还，载得巨石知其廉

"郁林太守史称贤，金珠不载载石还。航海归吴恐颠覆，载得巨石知其廉。"这首诗赞颂称为"廉"的人正是三国时期东吴大臣陆绩（188—219）。陆绩是陆氏后人，而这支陆氏是战国时期齐宣王少子田通的后人支脉。田通受封于平原郡陆乡，其后裔以地名陆乡的陆字为姓。他们在汉朝初年迁到吴郡。吴郡陆氏的名人也是数不胜数，陆逊和陆凯叔侄俩曾先后任吴国宰相，廉洁奉公，受百姓爱戴，后人陆绩更是以廉洁著称。

诗中的巨石至今仍在，保存在苏州文庙的明伦堂前。那是一块状如船帆的赭色巨石，石头上刻着两个大字——"廉石"。这块大石头就是陆绩不载金珠载回来的石头，因为产自郁林（今广西玉林），又称"郁林石"。

当年陆绩接任郁林太守正值当地官场腐败至极、民不聊生的时候，他刚到郁林，那里的官员便按"老规矩"纷纷送来贺礼，陆绩看都没看一一回绝，并下决心要整饬吏治。

他上任后的第一件事就是减税推新政，然后带着百姓一起发展生产、兴修水利，鼓励开设学堂、发展教育。

在陆绩的治理下，百姓们安居乐业，共享太平盛世。但陆绩的身体状况却一天不如一天，本来腿就有旧疾，现在加上长期劳累，他更是支撑不住了。看到百姓们的日子一天比一天好，他也算放心了，便上表请求辞官回乡养病。

奏表很快得到回复。走的那一天，陆绩看着随从收拾好的轻飘飘的包裹："行李都收拾好了？"

随从脸上透出无奈神色，回答道："先生，您除了几箱书之外，衣物都在您的包裹里了！"

陆绩哈哈大笑，回答说："我这才能放心离去呀！"

但是到了海边，陆绩准备登船时却出了差错。船员很为难，说："陆大人，这海路是需要船有一定吃水量的，但您的这些行李并不能让船达到吃水量，在海上漂，遇上风浪可了不得！"

陆绩看了看，连忙派人把家里腌咸菜的大缸装上，但船还是没有达标。"这可真的让人发愁，再装点什么呢？"

船员把行李又仔细看了一圈，越想越觉得奇怪，便嘟嘟囔囔地说："我这船载过不少离任的官老爷，他们的金银珠宝箱子那么多，我这船都装不下，您这离任……唉，还不如一个穷书生东西多！"

陆绩没有理会船员的话，看了一圈，指着岸边的大石头说："这个石头，谁家的？"

大家向岸边看去，陆绩指的位置有一块大石头，忙说："没有主人的。"

"好，抬上船！"陆绩哈哈大笑。

就这样，陆绩载着一块大石头回了家乡。乡邻们听说陆绩回乡，纷纷跑到岸边看做过太守的他会带些什么回家，结果只看到几箱书、两口大缸以及一块巨大的石头。有自以为是的乡邻还解释给大家听："这块大石头一定是宝贝，否则陆大人怎么可能这么远载块大石头回来呢？"大家纷纷点头表示认同。他又问陆绩："陆大人，我说的对不，是不是宝贝？"

陆绩哈哈大笑，说："的确是宝贝，没有它压着船，我都回不来！"乡邻忽然醒悟，跟着哈哈大笑起来。

从此，陆绩廉洁载石而归的故事便广为流传。康熙四十八年（1709），苏州知府陈鹏年以陆绩为榜样，把"廉石"搬到文庙，用来激励自己及后世官员廉洁奉公，心存浩然正气。

妄取他人财，布施也无益

清朝重臣林则徐（1785—1850）刚刚做官时，便将父亲的"不妄取一文"作为为官准则，并且奉行了一生。54岁时，他又写下《十无益》以告诫后世子孙："一、父母不孝，奉神无益；二、存心不善，风水无益；三、兄弟不和，交友无益；四、行止不端，读书无益；五、作事乖张，聪明无益；六、心高气傲，博学无益；七、时运不济，妄求无益；八、妄取人财，布施无益；九、不惜元气，医药无益；十、淫恶肆欲，阴骘无益。"其中"妄取人财，布施无益"便是他对为官做人廉洁的真实写照。

对于那些无妄之财，也许得到后可以滋润生活，享受人生，但只是一时，并不会一世高枕无忧，哪怕之后幡然醒悟也无济于事。这是他修身处世的标准，同时也将其留给后人，将为人处世之道代代相传。

林则徐的父亲林宾日能诗善文，以教书为主业。他家教严格，林则徐深受父亲教导，为官时清正廉洁。大年三十，大家忙碌一年，就为了过年能好好享受。林家欢欢喜喜地吃年夜饭的声音吸引了邻居，邻居想：这三年清知县，十万雪花银，林则徐当了这么大的官，还指不定能贪多少钱呢，这么热闹。

他轻悄悄地站在墙边听了一会儿。林家正高高兴兴地聊天，听起来欢天喜地，他更确认了自己的猜想，便偷偷爬上墙，结果看到了令他不可思议的一幕——

林家大大小小一共十几个人，围在一张大桌子面前，桌子上摆着一大盘清炒豆腐，大家吃得津津有味。唯一与平日不同的就是，原来只放一根灯芯的小油灯多加了一根灯芯。

邻居叹了口气，从墙上下来，说："终究是我狭隘了，林老爷的清廉让人佩服呀！"

之后，林则徐的官越做越大，但清正廉洁之风从来没有改变。他写了一副对联留给子孙："子孙若如我，留钱做什么？贤而多财，则损其志；子孙不如我，留钱做什么？愚而多财，益增其过。"在普通人看来，他未给子孙留下金银，但清廉的家风世代影响着后人，是林氏族人奉行一生的信念。

胡氏家风：不取一钱自肥

胡林翼（1812—1861），晚清中兴名臣之一。从祖父胡显韶开始，胡家家风最重要的传承就是"端敏恒毅，公勇勤朴"。胡氏家族很看重家风传承，胡显韶亲自定下十条胡氏家训家规，胡林翼的父亲也亲自撰写《弟子箴言》。到了胡林翼这一代，他身为晚清名臣，更成了胡氏家族光耀门楣的人，但他最在意的仍是为官清廉、为人公正。

胡林翼在贵州做官，一上任就带头捐款捐物，倡导百姓自救，用疏通、留储的方法，既解决了当下的水患，又有利于夏季干旱时供水，得到百姓爱戴，却不肯收百姓一分一毫。他可以利万民、助百姓，但绝不会往自己腰包中塞一分不义之财，而且对族人要求严格。

胡林翼在黄州任上时，一个族人来投靠，他马上安排族人吃住，但族人住了一段时间后就悄悄收拾行李，突然要走。胡林翼觉得很纳闷，便问："你是吃住不习惯吗？"

族人斜着眼睛，看着胡林翼，支支吾吾半天才说："城外营房中的几个人邀请我入股，他们打算把上面拨的款拿去投资。"

"那怎么行？"胡林翼马上反对，对族人说："胡氏家族从来没有出过一个贪赃枉法之人，你怎么能如此做？"

族人本来就觉得很忐忑，现在更不敢再想投资的事儿。

胡林翼训诫完族人，又来到城外营地，质问官差："你们为什么要动官府往来的款项？这种把公共财产占为己有是什么情况？"

官差一个个吓得哆哆嗦嗦不敢说话。

回到家后，胡林翼将路费给族人，让他回乡找事情做，并一再嘱咐："贪念不能生，一旦生了，就违背了祖宗的家规家风。"

恭俭整肃，白衣尚书

东汉年间，有位名叫郑均（?—约 96）的人，因其廉洁、中正深受皇帝赞赏。哪怕辞官归乡，皇帝还会亲自探望，当面赐他终身享受尚书俸禄。因当时郑均已无半点官职，所以世人尊称他为"白衣尚书"。

年少时，郑均的哥哥在县衙当差，常常收取别人钱财，郑均便劝哥哥不要收那些贿赂，但哥哥不听，还说："你一个小孩儿，懂什么！"

郑均见无论怎么劝说，哥哥仍固执己见，于是辞别兄嫂到大户人家去当佣人。一年后，他风尘仆仆地回到家中，拿出自己的奖赏和挣来的银子，一股脑地交到哥哥手里："哥，不要再收那些贿赂的钱了，钱是身外之物，少了咱可以挣，但如果名誉坏了，可挽回不了呀。"

哥哥手里托着钱，心里格外不是滋味，问："你这一年是为了哥哥挣钱去了？"

郑均回答说："是的，您做贪赃枉法的事，这些年的寒窗苦读若毁在钱财上，就愧对父母了。"

哥哥心里觉得惭愧至极，从那以后廉洁自律、克己奉公，也从小吏做到县丞，两袖清风受人赞颂。

郑均深知官场复杂，很多官员贪赃枉法，所以无论是东平郡守征召，还是县令逼迫，他都没有出仕，直到丞相亲自征召，才做了丞相府的属吏。郑均做官后，并没有受到官场影响，而是勤于政务，常常直言进谏。汉章帝很信任他，任命他为尚书。

但是郑均就做了三年尚书，终清流不抵浊流，只好请病回乡。郑均回乡后，汉章帝总觉得不舍，亲自下召给郑均家乡的太守："议郎郑均，自我约束，安贫乐道，恭俭整肃，此前任职机密，因病还乡。他坚守善念，至老不解，特赐予其谷物千斛。"

"白衣尚书"的名字也在当地流传开来。郑均后人无论为官还是从商，都以郑均所言自我约束，时刻警醒自己。

做个贫官，留给子孙清白

　　房彦谦（547—615）一生先后经历东魏、北齐、北周和隋朝4个王朝。他出身名家士族，自幼受到良好家风的熏陶，十分好学上进，7岁时就能诵读诗书。

　　他18岁担任了家乡齐郡的主簿，政绩突出，口碑极好，40岁时被郡守举荐进京做了监察御史，后迁为河南长葛县令。

　　自古以来，官员任免都遵循法度。但是由于当时各州考核官员没有统一的标准，对官员的评价全凭上一级考官的印象，所以，那些清廉正派、刚正耿直的人往往会因没有钱财贿赂考官而政绩平平，那些平日里阿谀奉承、投机钻营的人职位就会升得很快。这就导致朝堂之上清正的官员越来越少，腐败的官员越来越多。

　　房彦谦从地方官做起，很了解这些情况，于是便进谏提出官员考核的新建议："如果层层考察，只听各级考官一家之言有失准则，不如由朝廷派出公正的官员，深入一线，这样便可以直接分辨是非曲直，栋梁之材也容易被提拔上来。"隋文帝听了房彦谦的建议后感觉很好，于是选择信任的人直接下到地方去考察官吏。

　　当官吏考察房彦谦的政绩时，被他的清正廉洁震惊。经过几番考察，房彦谦的评分最高，被评为"天下第一"清官。

　　之后，隋炀帝继位，官员行事腐败不堪。房彦谦几番进谏被驳后，他感觉回天乏术，更不想与这些人为伍，便辞官回乡隐居。房彦谦出身名门望族，几代人积累的财富也很殷实。他虽然多年为官，但清正廉洁，有人跟他开玩笑问:"这几年当官给家里添置了多少东西呀?"他笑笑说:"添了两袖清风!"

每次上街,他都会和蔼可亲地跟百姓打招呼,人称"慈父"。回到家中,他对儿子、侄子的教育却非常严格,教他们清白做人,绝不被金钱诱惑。他做官得到的俸禄,大都用来周济朋友、亲戚。儿子房玄龄曾问父亲:"别人当官都宽房大屋,十分阔绰,怎么我们家这么清贫?"

房彦谦笑着对儿子房玄龄说:"别人皆因仕而富贵,我独因官而贫困,我留给你们的,只有'清白'二字。"

父亲的一番话影响了房玄龄的一生。他虽身居唐初相位,却始终秉持清廉家风,不贪权图利,成为一代名臣贤相。

拒不受礼，章敞廉洁奉公

明代人章敞（1376—1437），从小没了父母，由祖父母抚养长大，永乐二年（1404）进士及第，便进到庶常馆练习办事，后来做了刑部主事。在此期间，他审理了很多冤假错案，为山西数百名蒙冤者洗清冤屈。百姓们都传颂他的英明。

明宣宗时，安南的实权掌握在黎利手里。黎利一心想要从大明朝廷得到更多的权力，并像陈氏那样得到朝廷的认可和册封，但是明宣宗迟迟不给答付。宣德六年（1431），他又一次提出册封请求，这次明宣宗看他一再谢罪还算有诚意便答应了他的请求，派礼部侍郎章敞去册封。

黎利听说章敞要出使安南宣读册封旨意，便派人询问："我们要以什么样的礼节来接待您呢？"

章敞很礼貌且明确地给出答复："如果你们尊敬我们，那就是尊重朝廷，还需要问用什么礼节吗？"

黎利听到章敞的答复，左思右想之后，马上派人对接待地点隆重地装饰了一番，并选派歌伎、美女等待，然后以藩国君主见宗主国使者的礼节拜见章敞。章敞到后，黎利坐在下首，以表示对朝廷的尊重。

章敞见到黎利后，静静地坐着，并没有接纳黎利安排的侍者，也没有拿任何金银珠宝，只是静静地宣读册封旨意，举行完册封仪式，尽显大国使臣的尊严。

黎利得到册封后很高兴，打算在章敞回国前送上了一份重礼，但是重礼怎么送出去的又是怎么被退了回来。黎利的使臣悄悄说："章敞为重臣，这么公开地送礼，人家肯定不收呀！"黎利觉得很有道理，就把这些礼交给安南使者，由他们悄悄放入章敞一行人带走的贡物中。

章敞告别黎利，要进边关时命人清点贡物，结果那些重礼又被发现退回。

黎利不由得感叹："怪不得明朝如此强大，就是因为有章敞这样的清廉之士保驾护航呀！"黎利打心里佩服章敞。

后来，黎利去世，儿子黎麟承袭安南的王位。章敞又一次出使安南，黎麟也如父亲当年那样打算给章敞送份重礼，但礼物又一次被如数送回。章敞初心不改，廉洁奉公！

人之修养，与"贪泉"无关

广州北郊三十里的石门镇有一处泉水，传说只要官员喝了这个泉的水，必然变得贪得无厌，因此人们称它为"贪泉"。

很多人听到"贪泉"的名字后都觉得那只是一个传说，觉得官员贪与不贪怎能是一眼泉能改变的呢？于是很多人到此喝泉水来验证，但奇怪的是，多年来凡是前来广州任职的官员，只要喝过"贪泉"的水都会成为贪官。这种怪现象一直到一位叫吴隐之（？—414）的人出现才被打破。

吴隐之，东晋人，自从做官以来，一直清如水、明如镜。曾经有一年，他的女儿出嫁，身为顶头上司的谢石到吴隐之家参加婚礼，眼前的一切令他沉默。他知道吴隐之清廉，但没想到竟然如此贫穷。

只见吴隐之家冷冷清清，完全不像要举行婚礼的样子。谢石进门时，正好撞见吴隐之女儿的婢女拉着一条狗出门，原来是打算卖掉家中的狗给女儿凑嫁妆。谢石实在看不下去了，便吩咐手下人帮忙操持婚礼，采买各种东西。

吴隐之说："您这样帮我操持，我无以为报，那些微薄的俸禄大都周济了百姓，我没有银子还您呀！"

"不用你还！嫁女是大事，怎能如此草率！"谢石赶紧说。因为他知道自己手下这位主簿的确没有和他客气，他手里是真的没钱。

元兴元年（402），吴隐之被派到岭南为官。他带着家人路过一处泉水，看到泉边石头上赫然刻着"贪泉"两个字，便问："这是什么意思？"

泉边百姓说："您是要上任的官员吗？如果是，最好不要喝这水。凡是喝过水的官员，没有一个不贪的！"

"哈哈哈，"吴隐之听后哈哈大笑，舀起一瓢水咕咚咕咚地喝了下去，并留下了一首诗："古人云此水，一敬怀千金。试使夷齐饮，终当不易心。"

泉边百姓都摇头叹气，心想：又一位贪官要出来了，日子不好过啦！

但是吴隐之在岭南做了很多年的官，一直清正廉洁，没有丝毫贪墨之事，打破了"贪泉"的传说。

吴隐之在约束后人上也是很严格。一个小吏送来许多海鲜，家人不觉得是什么大事便收下，还做了一桌子海鲜大餐。吴隐之刚上桌，看到这种情景，便严肃地问明情况，家人及那个小吏都受到了严厉的惩罚。

从这以后，吴隐之长期在岭南为官，终身不改廉洁之风，给后人留下了吴家最重要的一条家规：不可贪赃枉法、收人钱财。吴家后世子孙遵循的"勤俭居、淡泊利、不易心"的家风，亦流传至今。

两江总督，"天下廉吏第一"

清康熙年间，康熙亲自封了一位两江总督为"天下廉吏第一"，这人就是于成龙（1617—1684）。

明崇祯十二年（1639），于成龙参加乡试中了副榜贡生，但因为当时父亲老了，需要人照顾，他便放弃做官的机会，没有就职。顺治十八年（1661），于成龙已经45岁，他通过竞选做了广西罗城知县，上任后推行保甲制度，鼓励百姓发展农业生产，得到罗城百姓的爱戴。到了康熙年间，他先后做了知州、知府、按察使、布政使、巡抚等，一直做到兵部尚书。康熙二十年（1681）时，他入京觐见皇帝，得到康熙帝的认可，升任两江总督。

于成龙死后，他的灵柩还乡，遗物里只有一件破袍子、几罐咸豆豉，但在他灵柩归乡的途中却有数万名百姓自发送行。康熙帝破例亲笔为他写了碑文，追封太子太保，赐谥号"清端"。

45岁开始做官，从小小知县做到两江总督，他一心为民，受到百姓爱戴。他对子女的教育更是值得所有人学习，良好的家风是子女成长成才的沃土。

于成龙做罗城知县时，被两广总督推荐升任合州知州。他的大儿子听到这个消息后很高兴，便从山西老家来看望父亲。儿子回家时，于成龙家里只有一只买了很多天、一直不舍得吃的咸鸭，于是他割了一半咸鸭作为儿子返乡的礼品。从那以后，他便得了一个响当当的名号——"半鸭县令"。

大儿子提着半只鸭子返乡，对他产生了深远的影响。父亲在外做官，他在家把祖母和母亲照顾得很好，同时担起了照顾家的重任，把两个弟弟培养成人。他还从父亲那里学到了清正廉洁，从没有因为父亲是官员而接受别人送的礼品，也没有因为父亲是大官就在乡里霸道横行。相反，他把自己节省下来的钱都做了公益，还把家里的五亩地捐给养老院。赶上大灾年景，他便动员族人一起把家里的存粮发放出去，用来救济那些逃荒的人。

于成龙长孙于准继承了祖辈、父辈的家风，从知州做到两江总督，同样是一生清正廉洁。康熙曾经御笔亲书额联"恺泽三吴滋化雨，节旄再世继清风"来赞颂他。

不义之财，宁可付之一炬

顾恺之（348—409），东晋无锡人，曾任参军、散骑常侍等职，尤以文学和绘画功底闻名于世。顾氏家族是当地极有名望的家族，几代人出仕为官，代代都是清正廉洁之士。到了顾恺之这一辈，更是把清正廉洁作为约束自己为官的基本准则。

东晋年间，江南越来越富庶，很多官家子弟便开始参与经商或者做起民间放贷的生意。这种情况不是只有一两家，而是大部分官家子弟都是这样。顾恺之深知其中要害，他严厉约束子侄及家人，禁止参与这种事情。

顾恺之本来就是一个很清廉的人，从来不会被那些奢靡的享受和华丽的外表所诱惑。他有5个儿子，大多效法父亲行事，只有三儿子很令他头疼。

他的三儿子顾绰听到父亲所谓清正廉洁、不许放贷的教导后，不但没有停止，反而愈演愈烈。他本来就有着殷实的家产，所以对放高利贷更是乐此不疲，家乡的那些士族、百姓都成了他放高利贷的目标客户。

之后，顾恺之做了吴郡太守，他对顾绰说："儿子呀，我几番对你训斥或许真的是父亲不对，你不放贷给那些士族、百姓，那他们就会没钱花，人太穷了，日子过不好，就只能去借贷，看来这不是你的错。"

顾绰听后，心想父亲终于开窍了！他一脸不可思议地问："父亲您这是同意我放贷了？"

顾恺之笑笑说："人是会变通的嘛，你放了多少贷呀？还有多少人没有偿还呀？趁着我现在刚升任太守，正好替你催催账！"

顾绰看着父亲一脸诚意，连忙命人把账本拿来，同时也搬来了装欠条的箱子，给父亲说："父亲，都在这里了，那就有劳了！"

顾恺之笑笑，说："来人，按账本把所有借贷的人都找来，在院子里等我。"

不到半天工夫，很多借贷的人聚在顾家庭院。顾绰一脸得意地站在父亲身后，只听顾恺之说："来人，拿火把！"

火把很快到了顾恺之手里，说："大家欠我三儿子的债务，从今天开始，一笔勾销！"说完，还没等顾绰反应过来，火把已经被扔到箱子里，将账本、欠条等付之一炬！

在熊熊烈火的背后，顾恺之对着傻在原地的顾绰说："我们顾氏子孙，不允许出眼里只有钱、一心只贪钱的人！"

顾恺之焚烧账本、欠条，管教儿子，维护了家门、家风，受到时人称赞、后人效仿。

子产奉公，不越规矩

春秋时期，郑国的国相子产（前 584—前 522）是有名的清廉之士。他廉洁奉公的事迹，至今传为美谈。

身为一国之相，很多人想攀附他。一次，有人听说子产喜欢吃鱼，特地去河边买了鲜美的鱼去子产府上，结果连大门都没进去就被守门人赶了出来。

朋友问子产："听说有人给你送鱼，你把人家赶了出来，你不是喜欢吃鱼吗？"

子产笑笑说："喜欢吃鱼，但我不喜欢别人送的鱼。"

朋友不解地说："为什么？别人送的鱼不也是鱼吗？"

"我越是喜欢吃鱼，便越不能吃别人送的鱼！"子产笑着回答。

"什么意思？"朋友越听越糊涂。

子产严肃起来，对朋友说："如果我吃了别人送的鱼，我就是贪污受贿，国相之位也必将失去，等那时候谁还会给一个无权无职的人送鱼呢？所以，别人送的鱼，我终究还是吃不上。而且，等我无权无职，没了俸禄，想自己买鱼吃都不成了，我还怎么吃鱼？"

朋友被他问得哑口无言。子产立刻又解释说："我不收鱼，廉洁奉公，便不会失去国相之位，这样我便有俸禄，可以买得起鱼，也可以一直有鱼吃！"

朋友听后哈哈大笑，说："哪天如果有人说子产兄无鱼吃了，我是第一个不相信的。"

子产一辈子都是这样清廉，甚至到他去世时，家中都没有给他大办丧事的积蓄。经家族商议，他的儿子和家中男丁用筐子背着土，打算把子产简单地埋葬在新郑西南的山顶上。郑国百姓听说这件事后，纷纷捐出家中值钱的东西，希望可以厚葬国相，但子产的儿子拒不接受，他说："我父亲一生清正廉洁，他的最后一程怎么可能愿意收大家的钱财呢？"

　　传说后来百姓们恸哭，把钱财都扔到新郑的河水里，用此来悼念子产，结果财物一丢进河，河水就放出绚丽夺目之光，本来碧绿的水也变成了金色。现在郑州还有这条河，名为"金水河"。

家无衣帛之妾

季文子（？—568）在鲁宣公、鲁成公、鲁襄公时期任鲁国的国相，辅佐三代君主。33 年间，鲁国的国政和财富都在季文子手里。他虽然大权在握，却清正廉洁，一心只安于社稷，对田产、财帛之类从不放在心上，许多人想通过这些东西来贿赂季文子，也被他一口回绝。季文子不仅自己两袖清风，对妻子儿女的要求更是严格。他虽然身为国相，但妻子儿女却连身丝绸衣服都没有，就连家里的马匹也从来不会喂粟米，而是命人从野外寻来青草喂。

很多人觉得季文子家规过于苛刻，家风严谨，尤其是鲁国外交家、政治家孟献子的儿子仲孙它非常瞧不起季文子的这一做法。

仲孙说："您是鲁国的国相，您知道吗？可您看看周围的人，妻子穿着粗布衣，儿子也穿得这么素，再看看您家的马，都瘦得成皮包骨了！"

季文子笑着回答说："食国家俸禄，有多少量就办多大事，我不能为了吃穿之类的去行贪腐之事吧？"

"笑话！"仲孙冷笑，"您是国相，您的日子过成这个样子，这让那些诸侯怎么看？你不怕影响鲁国的声誉吗？"

季文子听到这些，严肃地说："我穿丝绸、用良马这些都简单，但是你看一下鲁国的百姓，他们的日子仍然过得很苦，我怎么忍心让妻儿吃穿过度呢？对于鲁国的声誉，鲁国百姓过得幸福，安居乐业，国相的品德高尚，这不是鲁国最高的荣誉吗？"

仲孙越听越生气，直接甩手离开。但季文子的清廉却在鲁国朝堂成为美谈，大家纷纷以季文子为榜样。鲁国朝野出现了清廉简朴之风，并为后世所传颂。

第九章

克勤克俭，家给人足：居安思危，戒奢以俭

俭，品德之源。朴素的生活方式能够使人心境开朗，陶冶人的高尚情操。生活朴素的人往往具备坚定的意志力，经受住生活的磨难，心胸宽广。他们不会沉湎于物质享受，更不会被金钱所诱惑。物质生活条件，对他们来说没有任何影响。因此，即使他们居住在简单的竹篱和茅屋中，也能领略到清新朴素的生活情趣。

吾心独以俭素为美

司马光（1019—1086）砸缸救人的故事广为流传，但很少有人知道司马光一生简朴，而且他将简朴这一美德作为家规，流传于后世子孙。

宋神宗时，司马光因为反对王安石变法，被迫离开朝廷十五年。在离开权力中心的这些年里，他带着一家老小住在西京洛阳城郊西北面的小巷子中，主持编纂了编年体通史《资治通鉴》。就是这样一位对历史有着深远影响的北宋政治家，当年竟住在那样一间简陋的小院子中，房屋仅能遮风挡雨。

一年暑天，天气实在是太热了，院子太小又不透风。就在大家纷纷喊热的时候，司马光动员大家一起向下挖一个几米深的洞，用砖砌成地下室。如果感觉到热的时候，他便会躲到地下室读书。相比之下，同为大臣的王拱辰却住在有很多进的院子中，还在院子里建了一座高楼，并将最上面一层命名为"朝天阁"。因此，洛阳街头巷尾便有了"王家钻天，司马入地"的笑谈。

司马极重视家风传承，他特意写下一首《训俭示康》送给儿子司马康，用"平生衣取蔽寒，食取充腹"来教育儿子生活不可奢靡。人人都以为生活开销奢侈是件很光荣的事情，但作为司马家的子孙，要独以"俭素"为美。同时，他也留下了流传至今的名句"由俭入奢易，由奢入俭难"，以此告诫子孙从简朴的生活变得奢靡是很容易的，但是如果有一天奢靡的生活突然不可延续，人便会陷入艰难境地。

他是这样教育后世子孙，也是这样言传身教的。他的夫人去世了，宋神宗派人送来一些银钱让他好好办理丧事，但他却让儿子如数退了回去，并通过典当家里仅有的三顷土地来置办妻子葬礼所需的物品。

他的父亲司马池在任期间去世了，他与兄长司马旦一起把父亲的灵柩接回老家安葬。族人们来参加葬礼时发现去掉了很多烦琐的礼仪。他也没有在棺中放上大量的随葬品，没有看风水，更没有惊动官府和百姓，只是选择了节俭的方式让父亲入土为安。

帝王做表率，教子倡俭

齐高帝萧道成（427—482）是南齐开国皇帝。在他很小的时候，看到百姓受苦受难，他都会很伤心。登上王位后，他便对宋孝武帝以来各种各样的暴政进行改革，减赋税，安抚流民。萧道成很博学，对书法、围棋很有研究，建立齐国后便下诏"修建儒学，精选儒官"，招揽人才。

萧道成登上王位后，他颁布的每一条命令都经过多方位斟酌，朝野治理严明，百姓们安居乐业。他很注重节俭，知道开国不易，常常对臣下说："我们齐国刚刚建立，各方面并不是那么富足，咱们吃、穿、用都来自老百姓，所以大家一定要珍惜。"

萧道成从来不会大摆酒宴。他看到百姓们有的流离失所，有的在街头挨冻忍饿，便于心不忍，对大臣说："我们吃着大餐的时候，要想想百姓们吃上饭没？我们住上宽大房屋、深宅大院的时候，要想想百姓们的房子是否漏雨了，听听有没有漏雨的声音。别忘了，我们每一个人都是百姓用血汗钱来养活的。"

大臣们沉默不语，心里暗暗觉得："这位皇帝一定与众不同，能成就大事业！"很多大臣对自己的生活也严格要求起来，每个人都以简朴为美。

有的大臣甚至将吃、穿、住的标准降了又降，上朝的时候也不会穿绫罗绸缎。萧道成看着朝堂上的大臣，大笑："哈哈，如果让我再治理十年，恐怕黄金与土块也没有什么区别了！"

可惜萧道成只做四年皇帝就去世了。在离世前，他将儿子萧赜叫到床前，轻轻地讲述了魏国覆灭的原因，又告诉儿子："治理国家，要保全骨肉兄弟，更要深得人心，不奢靡，会节俭。你要保护好萧家人，更要护好萧家家业。"

不慕奢华虚荣，不讲排场

戚继光（1528—1588）是明代著名的抗倭名将，他南征北战，建立了不少功勋，是历代爱国志士的楷模。他在中国军事史上占有重要地位，是"戚家军"的创立者和指挥者。他发明了戚氏军刀，创作的文学作品很有特色，为人处世和道德品质也很值得青年人学习。最重要的是，他无论取得什么样的成就，都保持着戚家节俭的家风，从来不贪慕奢华的生活，不会讲排场。

戚景通是戚继光的父亲，也是一位著名将领。戚继光是他 56 岁时的老来子，老年得子，这是多大的喜事呀。他高兴极了，很疼爱戚继光，只要从军中回来，一定会把儿子抱在怀里。戚景通对戚继光的教育也很重视，并没有因为爱而一味地骄纵，也不会因为溺爱而让儿子像其他世家子弟一样纨绔。

戚景通要求儿子每天早上都习武。哪怕小小的戚继光因为天冷冻得直哭，戚景通也丝毫不会让儿子觉得出身名将家族而感到优渥。

戚景通年迈辞官回乡时，那时候戚继光跟随在父亲身边，看着乡里年久失修的老屋，不解地问："父亲，您做将军这么多年，怎么咱们回到乡里要住这么破旧的屋子？我刚刚都听到修老屋的工匠们偷偷地议论，说这老屋与咱们家的威名一点也不相称呢！"

戚景通听了这话很生气，把戚继光拉到身边，问："你是觉得我们戚家世代出将军，你是将门之后，所以家里就得有亭台楼阁，你就得锦衣玉食吗？"

戚继光似懂非懂，点点头，又摇摇头，但他知道父亲生气了。

后来，戚继光得到一双做工讲究的织锦面的鞋子，是外祖父特意为他做的。他穿着鞋子觉得自己都变得精神了，便得意地在院子里走来走去。

戚景通看到后严肃地说："你小小年纪，就穿这么好的鞋子，还这么得意，你如果爱慕虚荣，喜欢讲排场，那别说我这点家业，就是金山银山传给你，你也保不住！"

戚继光正是叛逆爱顶嘴的年纪，便回了句："不就是一双鞋子嘛，跟父亲官职差不多大小的家里的孩子，哪个都比我们吃得好、穿得好！"

戚景通听完，腾地从椅子上站起来，一把把戚继光拉过来，脱下儿子脚上的新鞋子，用剪刀把它剪成碎片。他边剪边说："我戚家是将门，你是将门之后，如果你喜欢奢侈的生活，就不要做我戚家子孙！"

虽然当时戚继光哭得很伤心，但是从那次之后，他再也没有贪慕过虚荣，也没有辜负父亲的期望。戚继光19岁时承袭了父亲的官职，率军南征北战，战功赫赫。敌人看到"戚家军"的大旗，就已经摆好了投降的姿势。

躬率节俭，天下安宁

皇帝坐拥天下，生活奢华自然是正常事，但中国历史上的明君也不少，汉文帝刘恒（前 179—前 157 年在位）就是其中一个。他虽然身为皇帝，生长在皇家，却极为节俭。他在位期间，以节俭为美之风盛行。

为了庆贺汉文帝即位，一位大臣特意多方寻找，把一匹千里宝马送给汉文帝。汉文帝看后，笑着问："我带兵出征打仗，每天行军也就几十里；外出祭祀或者考察官员，前面有皇家兵士开道，后面有护卫随行，每天比行军也就快二三十里。你这匹千里马是打算把我送到哪里去呢？"

大臣听后不知所措。汉文帝补充说："你拿些路费给送马的人，把马送回去！"又命令负责典仪的官员，"今后不准四方官民进献礼物！"

汉文帝提倡节俭之风传到民间，百姓们很是支持，汉初社会的乱象渐渐平稳下来。当年，汉文帝想建造一座露台，便召集了能工巧匠进宫帮他设计。当问到需要的费用时，文帝大吃一惊，说："这一座露台竟然要百金，可是十家中等人家的产业呀！我现在居住在先帝留下的奢华宫殿里，已经觉得很羞愧了，建露台干什么！"于是，马上让工匠停止设计。

他在位 23 年，没有兴建宫殿，没有增加皇家园林，没有设计新的服制。他宠爱的姬妾慎夫人都将拖地长裙改为仅到脚踝的衣裙，甚至连之前供皇家玩乐的马匹，他也听了谏臣贾山的进谏拿去充军。在当时的社会，很多帝王哪怕对宫室要求不是那么高，对死后的陵寝要求也很严格。有些帝王一登上帝位，便开始大兴土木，建造陵寝，比如秦始皇在骊山用尽世间珍宝来修建陵墓。但是汉文帝生前倡导节俭之风，死后的陵墓也极简单，并号召朝野上下行薄葬之礼。

留下小物件，或有大用途

很多人有"收集"的习惯，特别是经历过苦日子的老人，总是舍不得丢掉一些小物件，那是因为他们已经养成节俭的习惯。陶侃（259—334），东晋时期武昌太守，也有这个习惯。他一向认为，留下小物件，或许会有大用途。

当年陶太守还是县吏，因为博学多才、清正廉洁得到朝廷认可，升任太守。虽然升任了太守，但他仍然保持一贯风格，大事小情都十分认真，而且对下属要求十分严格，绝对不可以出现浪费金钱、损公肥私的情况。

皇帝出行需要一艘大船，上级便派陶侃监督建造。陶侃接到上面的召命后，便开工建造，无论是刮风下雨，都亲自到建造场地监督。

他看到造船的工人将大根的木头锯成需要的部件时，大量的木屑掉落下来，再看那边，竹子被截取所需部件时也会掉下一些小竹块，心想：这么多的木屑、木块、竹节就这样被丢掉，多浪费呀！他马上命人将这些东西全部装进袋子。这一装人们才看到，原来掉下来的废料竟然可以装这么多袋子。

陶侃把袋子整齐地码放在仓库里。看管库房的小吏问："这些竹头木屑，您都舍不得扔呀？留着它们干吗？既费事又占地儿！"

陶侃笑笑，没有回答。

不久，朝廷又让陶侃建造作战用船。有了造船经验的陶侃这时已经驾轻就熟。但是，船都已经备好了料，钉船板时才发现钉子还没到位。陶侃当然有办法，他对小吏说："你们去仓库把装竹头的袋子搬出来！"

小吏们虽然不知道什么原因，但还是接了命令赶紧搬出来袋子。陶侃把袋子摆到船工面前说："你们看，这竹头削成竹钉，是不是就可以替代钉子？"

　　船工们看了看，恍然大悟，纷纷拍手叫好。

　　春节到了，人们欢欢喜喜地过了春节，迎来了元宵节。按照老规矩，太守府衙内要挂花灯，每位官员要来参加灯会。就在大家准备灯会时，老管家报告说："这连着几天一直在下雪，路上泥泞不堪，咱们厅堂里也都是雪水，实在是不方便呀！"

　　陶侃看了看，笑笑说："我就说留下小物件早晚有用吧！来人，把仓库中的木屑拿出来铺在路上！"

　　老管家连忙命人把木屑拿出来，铺在了府衙的小路上。泥泞的雪水都被木屑吸收了，路变得好走起来。

　　大家纷纷赞叹陶侃"收集"小物件的习惯。有些人随即跟着效仿，节俭之风在官家士族中也流行起来。

勤俭治国，故天下安居乐业

隋朝的开国皇帝隋文帝杨坚（541—604）建立隋朝后，一直勤于政事，提倡节俭之风。他极力纠正皇室的奢靡生活，把精力全部用在发展百姓生产的事情上，使百姓安居乐业，隋朝国力也迅速发展起来。

隋文帝深知，朝廷腐败都源自皇帝的奢靡、官吏的贪贿，因此专门设置了监察机构，还常常派人暗访，只要发现官吏贪迷于奢侈的生活，便发诏书可以严惩。

平乡（今河北省平乡县）县令刘旷就是一个很节俭的人，他一心只为百姓着想，所得俸禄虽然微薄，但只要百姓需要，宁可自己天天稀粥咸菜，也要让百姓过好。在他治理平乡县期间，百姓们都心怀感恩，没有人愿意在平乡县境内犯罪，给县令找麻烦。据说，平乡县的监狱因为没有犯人早已长满野草。

隋文帝知道这件事后，大力夸赞，并下诏升任刘旷为营州刺史。

隋文帝不但对臣子要求严格，对自己的约束更是严厉。他最不喜欢的就是大摆宴席，自己也没有几十道菜的排场，每顿饭吃的肉菜不能超过两样。

关中赶上荒年，很多百姓流离失所，一些没有离开家乡逃荒的百姓只能以豆粉拌糠充饥。

隋文帝让后厨用豆粉拌上糠，端上来摆在大臣们的面前，流着眼泪说："各位尝一尝，这就是我的子民的食物。"

大臣们尝了一小口，又苦又涩，放在嘴里根本无法咀嚼。隋文帝继续说：

"这是朕作为皇帝的失职，惭愧呀！来人，从今天开始，一年内，朕的一日三餐不要再上酒了！"

太子杨勇长大了，得意于自己的铠甲，于是下令把铠甲装饰起来，看起来华丽无比。隋文帝看到，气得脸色铁青，训斥太子说："自古哪个奢靡的帝王能够长久？你身为太子，竟然不行节俭之风，难道想让隋朝二代而终吗？"

杨勇听完父皇的话，觉得很羞愧，马上卸掉身上的铠甲并向隋文帝谢罪。

● 篇四 俭：理世的方向与气度

一粥一饭，当思来之不易

"唐宋八大家"之一的王安石（1021—1086）是一位很简朴的人，虽然身居宰相之位，但每餐也只是粗茶淡饭，除了上朝，很少穿绫罗绸缎。他与家仆在一起时，陌生人竟然难以分出哪位是老爷，哪位是仆人。

外界传言，王安石喜欢吃獐肉干，王家人听说后都觉得很好笑，因为王安石平时对食物没什么特殊要求，怎么就传出了他喜欢吃獐肉干的传闻呢？

王夫人便问常常随侍在王安石身边的小厮，小厮也很奇怪："我们家老爷从来不挑食，怎么能有这样的传言呢？不过，好像老爷每次吃饭时总是不吃别的东西，只吃獐肉干。"

"你把獐肉干放在了饭桌的什么位置？"王夫人问。

小厮想了想，回答道："每次都放在老爷手边，筷子一伸就可以够到。"

王夫人点点头，笑着说："那你今天把獐肉干放远点，在他的手边放上一盘腌制的小菜。"

当天吃饭的时候，小厮特意按夫人的吩咐在王安石的手边放上小菜，獐肉干被放在了远一点的位置。这次餐后，小厮惊奇地发现，獐肉干没有怎么少，那盘小菜却被吃完了。

王夫人笑着说："我太了解他了，哪是什么喜欢獐肉干，他只是喜欢手边的小菜。哪怕你把一桌子菜都撤掉了，有手边的那盘菜也够他吃了。"

王安石除了自己生活简朴，招待亲戚时也很简朴。一次，他亲家的儿子到京师办事，按规矩要来拜访王安石，王安石也理应留人家吃饭。结果，他没有带人家去酒楼吃，也没有准备大餐，而是准备了一些烧饼、小菜和稀粥，当然还有因为要留客而准备的酒和几块烤肉。

亲家的儿子从小就养尊处优，哪里见过这样招待客人的，选了一圈，咬了烧饼中间的部分吃了几口就丢到桌子上。结果王安石捡起剩下的烧饼两三口就吃完了，并教育子侄辈说："一粥一饭，当思来之不易呀！"

用度从俭，以天下为己任

赵憬（736—796），唐代人，年少时就沉稳持重，后来任江夏尉、湖南观察使、给事中、中书侍郎、同中书门下平章事等职。但无论哪个职位，他从来不炫耀自己，一直保持节俭的生活。

唐代宗年间，因为朝廷前期为唐玄宗、唐肃宗修建陵寝花去大量国库存银，再加上兵荒马乱，吐蕃入侵，朝野上下一片混乱。此时赵憬虽然还没有一官半职，但他看到这种情况后，马上逐级上表，提出节俭开支用度的方法，得到唐代宗的认可。

唐德宗时，为了稳固边疆，应回纥可汗的请求，皇帝把咸安公主嫁到回纥，赵憬作为副使护送公主去回纥。按照历代和亲使臣的做法，很多人会偷偷带着一些丝麻去换回纥的马匹，回来后再卖出去，从中获利。但是赵憬清正廉洁，生活简朴，没有这样做，而是将省下来的俸禄和赏银如数带回家中，用来孝敬父母、周济百姓。

之后，赵憬做到宰相一职，他的心里还是只有天下苍生，生活节俭之风一直没变。他的俸禄会用于修家庙，从来不置房产田地，仆人也很少。如果有人不小心走进赵憬的家，只要没人提醒，他绝对不会想到这是宰相府。

安之若素，淡中趣长

张知白（956—1028）是北宋宰相，他从河阳节度使一职一直做到宰相，但他的生活始终很简朴，并没有随着职位升高而改变。

一次，张知白正在自家菜园边上饮茶，朋友来探访，看到他一身粗布衣、挽着衣袖的样子，说："你这宰相做的，做到田里去了？你得像那些大臣一样，生活要稍微显得富贵一些，不然大家会觉得你虚伪。"

张知白笑着说："你看我种出来的小菜，多水灵，哪儿虚伪了？多真实！"

朋友叹了口气说："我没有跟你开玩笑，你的俸禄比他们任何人都多，所以何必把自己搞得这么清苦呀？"

张知白端起茶杯，轻啜一口茶，说："你看，人生就像这茶，浓处味短，淡中趣长！现在我的俸禄是不低，但是全家人如果都像他们那样锦衣玉食，我可是负担不起。哪一天我如果没有了这些俸禄，你说我这一家老小如何生活？"

"你呀！"朋友叹了一口气，"你现在的职位要什么没有？你不但自己生活清苦，还让孩子们像你一样生活简朴，何必呢？"

张知白摇摇头，说："你听过没有，由俭入奢易，由奢入俭难。如果我放纵子侄享受生活，那他们一旦养成挥霍的性子，岂不是家中的大祸？"

朋友这才点点头，笑着说："你是对的！看你在这里饮茶摘菜，果然比那些声色犬马的人要幸福呀！"

杜绝奢侈，才能达到全盛

完颜雍（1123—1189）是金太祖完颜阿骨打的孙子、金睿宗完颜宗辅的儿子，他的母亲是皇后李氏。完颜雍即位后成为金朝的第五位皇帝，史称金世宗。他虽然出身皇家，先辈们已经积累了很多财富，却生活得十分俭朴。

一次，完颜雍出巡，当地官员正准备备好酒宴迎接，却听到了不得铺张浪费的诏令，一时不知如何是好。此时完颜雍让近臣通知当地官员："不用特意迎接，平日的粗茶淡饭即可，百姓们还在受苦，我们怎能大碗喝酒、大口吃肉！"

完颜雍饮食本来就很简单，他一再强调，饭能吃就好，不必追求表面的东西，不用换着花样做菜，也不用追求数量。

小公主过来给他请安，看到他的餐盘里空空如也，问："您是还没有吃饭吗？"

完颜雍笑笑说："刚刚吃完。"

"啊？"小公主惊奇地说，"您确定饱了吗？您的盘子怎么都这么干净？"

完颜雍点点头，语重心长地说："孩子，不用惊奇，父皇平时就是这样吃饭的，你也要养成这样的习惯，你想吃多少，就让厨房送多少，食物只要到了我们的餐盘里，就不要浪费。你要知道，很多人现在还饿着肚子呢！"

小公主点点头，说："女儿记住了！"从那以后，公主对自己的饮食也做了调整。

完颜雍对东宫太子的要求更为严格。确立太子时，臣子请求为东宫太子增加月银，添置东西。完颜雍一口回绝，还训斥提议的臣子："太子在没有入主东宫时没有挨饿受冻，为什么入主东宫就要增加月银呢？如果太子从小就被骄纵，长大后，我大金岂不是会毁在他的手里？你们要做的是引导他俭朴，让他习惯俭朴的生活。"

完颜雍一心为百姓着想。在他的治理下，金国达到全盛时期。

第十章

讲诚守信，家业兴隆：诚而不欺，成事大义

中国人历来重视诚信，将其视为立身处世之本。在"信、智、勇"这三个独立于社会的要素中，诚信被摆在首要位置。中国人坚持言必信、行必果、诺必诚，这是我们在与他人和社会打交道时的立身处世之本。依靠这个道德原则来规范自己的行为，我们才能在人生路上长远且顺利地走下去。

少卖钱事小，坏名声事大

司马家的教育的确不凡。司马光（1019—1086）从小就有救人之智，做官后又清正廉洁，这与司马家的家风传承不可分割。司马家的家规里有很重要的一条，那就是为人要诚而有信。

司马光5岁时的一天，一位亲戚送来一筐核桃，这核桃一个比一个大，看着就很诱人。只是核桃刚刚打下来，外面还被厚厚的青皮包裹着，凭他的小小力量，是无法剥开青皮的。

本来司马光可以依靠姐姐，但姐姐有事走了，只留下馋猫一样盯着筐子的司马光。丫鬟看不下去了，说："小少爷，您是想吃核桃但打不开吗？"司马光点点头。

"好，那你等一下。"丫鬟说完就出去了。不一会儿，她提着一壶烧得滚烫的开水进来。只见她把核桃放在大盆子里，用滚水一泼，青皮便软了下来，这时候拿在手里，只需轻轻一按，青皮便自动跟核桃分离了。

司马光砸开一个核桃，他最爱的嫩核桃仁便出现在眼前，白白胖胖的，能把人馋出口水来。他开心地吃起来。

就在他吃得正香的时候，姐姐回来了，纳闷地问："这个办法是谁想出来的？太聪明啦！"

"当然是我！"司马光一边吃核桃，一边大言不惭地回答。他听到姐姐说"聪明"，便撒谎把这事儿揽在自己身上。

几天后，父亲司马池正在书房，听到窗下几个小丫鬟议论此事，细问一下才明白原委。他马上把司马光叫来书房，大气呵斥："你的小字是什么！"

"君实。"司马光小声说。

"是呀！为什么给你起这个名字，就是告诉你做人最重要的就是诚实！你说谎、骗人，把功劳揽到自己身上，对得起这个名字吗？"

司马光从来没有见过父亲发这么大的火，已经知道错在哪里了，惭愧地哭了。从那以后，他再也没有做过一件有失诚信的事。

很多年过去了，司马光因急需用钱，便让管家把马卖掉换些金银。这匹马是司马光最喜欢的马，被照顾得很好，毛色鲜亮，性情温顺，但是只有一个问题，就是每年夏季哪怕再细心照料，也会犯肺病。

管家临行前，司马光嘱咐说："如果遇到买家，一定要把它夏季犯肺病的事告诉人家，让人家注意夏天多观察。"

管家笑着说："没有必要，你看这马多健壮，现在又不是夏季，没有必要说马生病的事！"

"那你是打算隐瞒病情？"司马光问。

管家点点头，说："是呀，这样能多卖些钱，你要说了马爱犯病，行情也就下来了！"

司马光拉住马的缰绳，严肃地对管家说："做人要讲诚信，我们不能为了多卖钱，就昧着良心骗人家。你还是想好了再去卖吧！"

管家很惭愧。最后，这匹马虽然没有卖出好价格，但司马家为人诚实守信的名声却传了出去。

周公家训，以信为重

　　周公，姓姬名旦，中国商末周初儒学的奠基人，世称"元圣"。在唐代以前，很多人将他与孔子并称，甚至有些人把他的地位放在孔子之上。

　　了解中国历史的人都知道，当年周武王伐纣是一件很不可思议的事情。周国既偏又小，而商朝国力强盛，所以，很多人认为，武王伐纣取得成功，周公功不可没。

　　周公辅佐了两位大王——周文王、周武王，亲历了周灭商的不易。武王去世时，周公成了托孤老臣，辅佐还在襁褓中的婴儿即位。

　　周成王即位后，周公以《尚书》和《无逸》来教导小皇帝，告诉小皇帝如何成为一代明君。

　　一次，周成王和弟弟叔虞一起玩耍，他们在梧桐树下捉迷藏，拿着大大的梧桐树叶玩。周成王拿着梧桐叶刻成一个玉圭的形状，递给叔虞说："你看，我刻了个什么，将来我要给你一块封地，以此玉圭为证！"

　　叔虞拿着树叶，开心地笑着。回到住处，叔虞仍拿着玉圭。侍女帮他换衣服时，他严肃地说："你们小心点，别把我的玉圭弄坏了，这是我的封地。"正巧这话传到从这里路过的周公的耳朵里，他三步并做两步地走进屋子，把事情的原委问了个清清楚楚。

　　随后，周公换上礼服，赶到周成王的宫殿，进门便说："恭喜陛下拥有了第一位被册封的诸侯。"

　　这话让周成王先是一愣，忽而又想起什么，忙解释说："不是这样的，我只是和叔虞开玩笑，怎么能这么随便就册封他呢？"

周公严肃地说:"陛下，君无戏言。您如果不讲诚信，随意许诺，怎能坐稳这一国之君的宝座呢！"

周成王惭愧地低下头，当天就下诏将唐地封给叔虞。终于，在周公的辅佐之下，周成王成为一位勤勉的君主，得到天下的认可，还让边疆部落纷纷归顺于周。

一言既出，小孩也不能糊弄

曾参（前505—436），春秋时期鲁国人，儒家学派的主要代表人物之一，弟子们尊称他为"曾子"，后世尊称他为"宗圣"。

曾子是一位极重诚信的人。一天，曾子的妻子去集市，因为觉得带着儿子一起很麻烦，所以准备自己去。结果儿子一直吵吵嚷嚷，一定要跟着去。

妻子看到这个情景，只好安抚儿子，说："小宝，你在家乖乖的，我一会儿就回来了，回来后给你杀猪炖肉，好不好？"

在那个年代，猪不是随时都可以杀的，只有年节时才可能杀猪吃到新鲜猪肉。儿子听到有肉吃，瞬间就安静下来，而且乖乖地说："好，你们去吧，我乖乖地等肉肉。"

这样，妻子在集市逛了大半天中午才回来，一进门就看到院子里摆着大水盆和杀猪用的大刀，再看猪舍的方向，一只还没有长大的小猪被捆得紧紧的，躺在地上。

"这是干什么？"妻子问。

曾子正拿着柴草从外面进来，放在煮肉的大锅下，说："杀猪呀！"

妻子惊讶地说："杀猪，这猪才买几天呀，怎么能杀呀？"

曾子说："你不是早晨出门时对儿子说你回来后可以杀猪吃肉吗？"

妻子恍然大悟地说："哦，这么回事儿，那快把猪放了吧，我只是糊弄小孩子的话，怎么能当真呢？"

"糊弄小孩子？"曾子走到妻子面前，语重心长地说："妻呀，你今天糊弄小孩子，明天小孩子就有可能用同样的方法哄骗别人。在孩子面前怎能撒谎呢？他会有样学样的。而且，你觉得他是小孩子，哄骗的次数多了，孩子怎能再信你呢？以后，你在他的眼里又会成为怎样的人呢？"

妻子觉得很惭愧，虽然舍不得将刚买的小猪杀了吃肉，但是为了让孩子相信自己，只能这样了。

曾子看出妻子的自责，便劝说道："小猪杀了可以再买，但孩子一旦学坏就无法纠正了！"

"好。"妻子不好意思地点点头。

晚上，他们一家三口坐在桌旁，儿子吃着猪肉，高兴极了。

得百两金，不如季布一诺

楚汉相争之时，楚地有个名叫季布的人，只要是他答应过的事情，无论有多大困难，他都会设法办到。所以，楚地流传着一句"得百两金，不如季布一诺"的话。

季布本是项羽手下部将，在楚汉相争时，刘邦多次吃了他的亏，所以他登上帝位的第一件事就是下令缉拿季布，杀之而后快。

因为季布的名声很好，所以当时人们都愿意收留季布。季布先是躲在周家，但周家家族势力不大，如果刘邦派兵来追查，他们家是没有能力保下季布的。因此，周家便给季布出了一个主意，让他把头发剃掉，换上粗麻衣，像被贩卖的仆人一样脖子戴上铁箍，跟着运货的车发卖到鲁地的朱家。

季布知道周家已经尽力，便按周家的计策顺利到了朱家。朱家早已知道季布的大名，也知道他为人诚信，有着"任侠"的名声，便悄悄留下季布。另外，朱家专程派人找到夏侯婴，劝说他力保季布。

夏侯婴与刘邦从小就在一起，关系很好，他也早早就知道季布的贤名，这次朱家又特意派人说明情况，夏侯婴便答应下来。

他找到刘邦，劝说道："季布的力量你我都知道，他当时跟着项羽只是各为其主。现在您这样追捕，他如果逃出去，无论是到了匈奴还是越地，对大汉来说都是威胁呀！这样的勇士，我们不以礼相待，还追杀，实在是不应该呀！"

刘邦此时也醒悟过来，马上下令赦免季布。

之后，刘邦不仅赦免了季布，还任命他为阵前大将，季布也不负所托，为刘邦立下汗马功劳。此时，季布的名望更高了，很多人想结识他，特别是有个叫曹邱生的人，与季布是同乡。季布很不喜欢这个人，因为这人专爱结交一些高官，用来炫耀、抬高自己。

但曹邱生还是左托右托，最后请到皇亲窦长君给自己写了推荐信，这才见到了季布。季布一脸阴沉地把曹邱生叫到正厅，问："你来找我何事？"

曹邱生知道季布不喜欢自己，便又是作揖又是鞠躬地说："我从家乡来，您还记得我们楚地有句话吗？'得黄金百两，不如得季布一诺。'你我都是楚人，我现在正在四处宣扬您的好名声，让天下人都知道您是一位重信守诺的人呢！"

季布听到这儿，神情稍微缓和，问："楚地果真是这么说我的？"

曹邱生笑着说："当然。我现下只是想探望您一下，后面还要去各地宣传，每到一地，都会把那句话告诉大家的。"

季布听后很高兴，便给了他一笔厚礼。曹邱生也如他所说，每到一地，他就会宣传季布如何重信守诺、礼贤下士。

就这样，季布"一诺千金"成为千古佳话。

季李挂剑，大信不约

季札，春秋时期吴国开国国君吴太伯的二十世孙，吴王梦寿的四儿子，大家习惯叫他公子札。他虽然对王权淡泊，但他的远见卓识却令人佩服，而且他极重诚信，声名在外。

古时候，男子常佩剑，剑是身份与地位的象征，也是重要场合必须有的礼仪。一次，公子札出使鲁国，途经徐国时，徐君早就听说公子札的美名，便盛情邀请他到徐国做客。徐君一见公子札，便被他的气度吸引，特别是那把佩剑，简直喜欢得不得了，连连赞赏。

公子札看着徐君的表情，知道徐君很喜欢他的这柄剑，但是因为要出使鲁国，这柄剑是代表吴国公子的象征，现在不能相赠，所以暗暗下定决心，等出使鲁国回来后，一定要把剑送给徐君。

公子札顺利出使鲁国，终于办完事情回来了。但谁料世事无常，就在他再次来到徐国时，徐君已经过世。

公子札特意来到徐君墓前，眼含泪花，把自己的佩剑挂在墓旁的树上，说："徐君呀，本来我打算出使归来时将这柄长剑赠予您，没想到您却已仙世，虽然我只是在心里默默许下诺言，但也不能反悔，希望你的在天之灵回归故乡时，可以看到这柄长剑。"

公子札向着徐君的墓碑拜了几拜，转身离开了。

回国路上，公子札随行的小厮很是不理解，说："公子，徐君已经过世，您当时也没有承诺以剑相送，为什么把剑挂在树上了？"

公子札摇摇头，叹了口气说："我已经在心里许下承诺，就要完成，虽然没有人听见，徐君已经去世，但既然已经承诺，就绝不能违背。"

小厮还是不理解，继续说："那可是一柄举世罕见的宝贝，值得吗？"

公子札点点头，回答说："当然值得。人的诚信与道义是无论多少金银也买不到的，哪怕是心里许下的承诺，哪怕他已经离世，我也不能违背。"

诚信君子，卓恕千里如期

三国时期的卓恕是很有名的人。他的名望如此之高，是因为他极重诚信。只要自己答应的事，他绝不会反悔；如果今天答应别人做完，他绝不会拖延到明天；只要与他们已经约好相会，哪怕极恶劣的天气来袭，他也会按时到达。

一次，卓恕想要从建业（今江苏南京）回老家会稽（今浙江绍兴）看望亲人，他向太傅诸葛恪请假还乡，诸葛恪点头答应，并问："你现在归乡，何时归来呢？"

卓恕大约估计了一下，说："明年今日。"

"好，到时我会为你设宴以去路途劳累之苦。"诸葛恪乐呵呵地回答。

光阴似箭，日月如梭，转眼之间，诸葛恪计算着日子，终于等到了卓恕归来的时间。这天一大早，诸葛恪在家里摆下丰盛的宴席，邀请了很多宾客，专候卓恕归来。

朋友们纷纷说："我们聚一聚就行了，建业到会稽有几百里路，路上还不一定会遇到什么事情，哪能说得那么准时呢？"

诸葛恪笑笑说："你们不了解卓恕，他说的话没有一次不遵守的。"

"那咱们就等等。"朋友们也很无奈，只好陪着诸葛恪等待。

太阳渐渐地升高，快到正午时分了，卓恕仍然没有回来。朋友们又开始议论纷纷："诸葛兄呀，这路上不一定会发生什么样的事情，他不会就正好这天回到家的，我们还是等几日吧。"

诸葛恪坚持说："他一定会回来的，各位不用过于心急。"

篇四 俭：理世的方向与气度

随后，诸葛恪和大家一起谈笑风生，丝毫没有担心卓恕不能按时回来。

太阳渐渐往西，卓恕仍没有出现，一个性急的朋友站起来说："咱不等了，这一天都在等，他还指不定回不回来呢！诸葛老弟，咱们散了吧！"

话音未落，只见门口出现一个身影，随即就是家仆的喊声："卓恕先生到！"

大家寻声望向大门，果然卓恕精神矍铄地站在大门口，诸葛恪连忙迎上去："我就知道你今天一定会回来！"

卓恕也笑着说："当然，我们已经说好今天要回，我怎能违背承诺呢！"

那个性急的朋友问："那你怎么这个时间才到呢？"

"唉，我上午就回来了，只是觉得一路赶来，蓬头垢面的，见大家不太雅观，便在家里收拾整齐了才敢来！"卓恕将了将整齐的胡子说，引得诸葛恪和众人大笑起来。

勇于认错，也是信守承诺

隋朝名臣皇甫绩（541—592）是北周到隋朝时期有名的大臣皇甫道的儿子，他支持杨坚建立隋朝，出谋划策平定各地叛乱。而且，他是一位勇于担当责任、重信守诺的人。

皇甫绩 3 岁时，父亲去世，母亲一人将他带回娘家居住，外公韦孝宽对他格外疼爱。韦家是当地很有威望的大户人家，家产殷实，有自家私塾，皇甫绩和表兄弟们就在自家私塾里上学。

私塾开学的时候，外公韦孝宽就立下规矩，无论是谁，只要不完成作业，就要按家法打三十大板以示惩罚。虽然韦孝宽对孙辈很是疼爱，但教育也同样严格，他觉得大家族得以长久发展，子孙的品行是关键，不能放纵。

一天上午，皇甫绩下课后和表兄弟们在后院一间已经废弃的小屋子里玩。他们本想玩一会儿就回房写作业，但由于玩得太高兴了，一时忘了时间，下午上课时间已经到了，作业还没有完成。

外公不知道从哪里知道了这件事，命人把家法请到书房，然后几个孙子被狠狠地训斥了一顿，每人挨了三十大板。等轮到皇甫绩的时候，外公看着他小小的个子心软了，想到他小小年纪没了父亲，母亲一人带他不容易，又想到他平日里很乖巧，便打算免去他的三十大板。

韦孝宽说："你现在小小年纪，一定要懂得守家规，功课要及时完成，看在你是第一次犯错，就不打你了，以后不许再犯这样的错误，从小不学好，是成不了大事的！"

皇甫绩的表兄们都很心疼小小的他，听到他不挨打了，也很高兴，但是皇甫绩心里却很难过。他想：自己与表兄们犯了一样的错误，但因为外公心疼就不罚了，自己年龄小不是犯错不挨罚的理由呀！

从书房出来后，皇甫绩对表兄们说："你们打我三十大板吧，我错了就该挨打。"

这话逗得表兄们哈哈大笑，更觉得皇甫绩可爱，但皇甫绩却一脸正经地说："你们不要笑了，这是外公立下的规矩，当年入学时我已经保证遵守这个规矩，现在怎能违背呢？"

表兄们一脸为难，皇甫绩又说："外公刚刚说，不完成课业成不了大事。我已经坏了自己保证遵守的规矩，这种不守信的人更是成不了大事！"他拿出先生上课用的戒尺，说："请大表兄代外公执刑吧！"

表兄们面面相觑，但觉得皇甫绩说得也很有道理，于是接过戒尺，说："那为了诚信重诺，你忍着点，我就代打了！"

皇甫绩虽然被打了三十大板，但是心里的阴郁解开了。后来，无论他做到多大的官，总是记得做人基本的原则便是诚信。

立木为信，万众归心

战国时期，各诸侯国相争，秦国的政治、经济、文化等发展迅速，其他诸侯国很快就被甩在后面。

秦孝公即位后，广纳贤才，发诏令吸纳各国贤能之人。卫国的公孙鞅（约前390—前338）听到秦国纳贤才的征召后，心里开始犹豫。他本在魏国宰相门下当官，虽然宰相有过举荐，但魏王觉得公孙鞅性子太直，没有打算用他。正是郁郁不得志的他听到秦国的征召，当即决定奔赴秦国。

公孙鞅，即商鞅，得到秦国大臣景监的引荐，见到了秦孝公，陈述了自己的志向。他对秦孝公说："如果国家想要强大起来，必须重视农业发展，还要注重军队培养；而且，国家强大，百姓一定要信服，赏罚分明，朝廷才有威信……"

秦孝公听完商鞅的陈述后，拍手称赞。他觉得国家想要强大起来，就要像公孙鞅所说做出改变。历史上著名的"商鞅变法"开始了。

但是商鞅的法令颁布没多久，一些觉得自己因变法而遭受损失的大臣和贵族便站出来反对。因为当时秦孝公刚刚即位，怕朝政不稳，法令便停了下来。

过了两年，秦孝公终于将王位坐稳了，又开始让商鞅制定法令。但是此时百姓经过长期压榨再加上两年前的折腾，已经不再信任朝廷，更不相信商鞅了。法令颁布的很长一段时间，百姓们没有一人按照新法令去做。

商鞅看着法令无法实施，便知道根本原因是朝廷已经失信于百姓，如果不纠正，变法将无法进行下去。

于是，他命人将一根三丈多高的木头立在南门。他登上南门城楼，对百姓们说："谁要能将这根木头抬到北门去，朝廷便会赏金十两。"

不一会儿，南门口便有百姓聚集起来，大家议论纷纷。有人说："木头这么高大，怎么能搬得动？"还有人说："就算搬得动，可是搬根木头就给十两金子，这怎么可能？"又有人说："他们就是想让我们搬木头，搬到北门，然后拿鞭子把我们赶走。"

大家在城门下讨论，没有一个人上前，商鞅又说："那我把赏金提高到五十两！"

大家看着赏金变高，又是一阵讨论。有人说："看吧，又抬高了，就是在诓我们。"还有人说："算了吧，估计人家在跟我们开玩笑。"

就在大家你来我往地说不相信的时候，一个五大三粗的男子站了出来，说："我来试试。"他在人群中听了好一会儿，家中有生病的母亲等钱去抓药，他决心赌一次。

说完，他扛起木头，径直搬到北门。商鞅立刻派人取出五十两黄金。男子愣在原地，好一会儿才缓过神儿来。他抱着黄金，对百姓们说："竟然是真的，朝廷竟然真的会说话算数，我的母亲有救啦！"

从那以后，商鞅的法令颁布下去，无一不信，无一不守，秦国的农业生产得到发展，军事力量也变得更加强大。十年后，秦国在诸侯国中已经达到无可睥睨的程度，各国忌惮秦国的力量，纷纷跑来示好。

戒欺——这才是金字招牌

胡雪岩（1823—1885）是晚清时期著名的红顶商人，徽商的代表人物。在胡庆余堂开办之初，他就想要做出自己的"金字招牌"，于是给手下人立下一条重要的家规——戒欺。

电视剧《大宅门》中白家的"百草厅"治病救人，白景琦一把火烧掉伪劣药品，强调的一句话为："修合无人见，存心有天知。"在胡庆余堂的大厅同样挂着一副对联："修合虽无人见，存心自有天知。"

"修"即制药的过程，这句话的意思是说，虽然炮制药材、制作成药的过程没有人看到，但是制药人要存心正直，不可有欺诈，以次充好、以劣代优的事情是不能做的。

从胡雪岩决心将胡庆余堂做成"金字招牌"之后，胡庆余堂药店的大厅里一直悬挂着一块黄底绿字的牌匾。这块牌匾的名字就叫"戒欺"，上面有胡雪岩制定的规矩："凡是贸易均着不得欺字，药业关系性命，尤为万不可欺。余存心济世，誓不以劣品巧取厚利。唯愿诸君心余之心，采办务真，修制务精，不致欺余以欺世人，是则造福冥冥，谓诸君之善为余谋也可，谓诸君之善自为谋亦可。"

这块牌匾从胡庆余堂建立之初就挂在那里。伙计们每天进进出出都会看到，历代胡庆余堂的掌柜都奉行这项规矩。胡雪岩还在此基础之上，更加详细地制定了办店的准则：采办务真，修制务精。就是说，采办的药材一定为上品，用料要实在，炮制要精细，药品制作出来是为了治病，药到病除是根本的追求。

药店所有的工作人员要诚实、有善心，时时刻刻为病人着想，这样才会在制药时用足药。

胡庆余堂选择药材时就很认真。药草可以种在很多地方，但长在不同的环境所产生的药性不同。比如，陕西、甘肃的当归、党参药效最好，贝母、川芎最好来自云贵川，只有关外的虎骨、人参才最适合入药，冰糖、陈皮最好去广东、福建采买。

自古以来，药材的炮制过程都是在后院完成的，胡雪岩却乐于贴出告示，告诉大家今天要炮制什么药材，请大家参观。最有意思的是，为了让顾客知道药材来源不虚假，他竟然在胡庆余堂的后院养上了鹿，当场割下鹿茸出售，令人信服。

胡雪岩就是这样始终保持初心，用诚信打造出胡庆余堂这块金字招牌。

篇五

让

就世心态
与讳忌

第十一章

为而不争，家门远祸：且退一步，海阔天空

世上的许多纷扰源于"争"（竞争）。尽管它能激发人的潜能，推动事业发展，但必须建立在公正的基础上，不能采取不道德的手段。

然而，许多人认为，生活就是一场对于资源的争夺。这种观念是片面且不合理的。真正有远见、事业成功的人，不会将精力消耗在琐碎的争执上，更不会采取不正当的手段去争斗。他们的胸怀和风度，往往能使他人信服。

愿得寝丘之地

孙叔敖（前 630—前 593）是司马迁《史记·循吏列传》中的第一人。他长期担任楚国令尹，对楚国的强大做出突出贡献，但他却是极为清廉、简朴、不争的人。

古时为官者，多好争，有的甚至为了争名夺利而身败名裂、身死家灭。孙叔敖是个例外，不争不抢，甘愿过清贫的生活，乘破车，穿旧衣。随从很不解，对他说：“坐新车安全，乘好马跑得快，穿狐裘暖和，您为什么偏偏乘破车、穿旧衣服呢？您看那些大臣，比您官职低很多的，都穿着裘衣呢！”

孙叔敖谦虚地解释道：“人最怕的就是得权势之后变得嚣张傲慢。我虽然身居高位，但不应贪图享受，否则只会给自己招来祸端！”在世人都为私利而争的环境下，孙叔敖能做到这样，让很多人敬佩不已。

孙叔敖不仅身体力行，还不忘教导儿子孙安，让他懂得谦让，不可贪图钱财，不可争夺名利。因为常年辛劳，孙叔敖最终积劳成疾，病逝他乡。临终之前，他告诫儿子说：“楚王念及我的功劳，曾多次赏我封地，都被我拒绝了。我死后，如果楚王封你官爵，你千万不能接受，以你的性格和才能，实在难以担当治理国家的大任。如果楚王给你封地，你一定不要接受，实在推辞不掉，就请求前往寝丘去吧。”

寝丘位于楚越之间，地方偏僻贫瘠，地名又不吉利，被楚人视为鬼域，被越人看作不祥之地。孙叔敖不选肥美封地，为什么偏偏让儿子选择这样一块偏瘠之地呢？其实很简单，一是不争，二是目光长远。

孙叔敖死后，楚庄王亲临送葬，扶棺痛哭。葬礼之后，楚王果真要封孙安，孙安遵父命，固辞不受，而是回到乡下以种田为生。后来，楚王又要封他万户之邑，孙安推迟不了，便说："我从未立寸功，实在不敢受万户之邑，如果大王因惦念先父而封我，那请将寝丘封给我吧。"

楚王惊讶地说："哪有人愿意要寝丘之地！"

孙安说："这是父亲的遗命，请大王成全！"

楚王没办法，只好把寝丘封给他。楚王和百姓都称赞孙叔敖父子的不争、谦让。后来，各国相互征伐，楚国连年动乱，那些肥美的封地被人觊觎，频频易主，只有孙安的寝丘无人理会，得到安宁。

因为不争，孙叔敖功泽后人，让孙家远离祸端，子孙后代安然无恙。

让他三尺又何妨

桐城张氏世代显赫，家族兴盛两百余年，入仕为官者，有上百余人。仅清代在张英以后，连续三代有人担任大学士，六代有人担任翰林。

张氏的兴盛，虽然与他们自身的努力分不开，但重要的是张家有着良好的家风，子孙始终秉承良好的家风家训。张家名气最大的要数张英（1637—1708）和张廷玉（1672—1755）父子，二人都曾担任大学士，官至宰相，被世人称为"父子宰相"。更重要的是，张英、张廷玉都注重立品、养身，虽身居要职，但不忘本，更谦谨为怀。

去过桐城的人绝大部分人去过"六尺巷"，更听过六尺巷的由来。没错，"六尺巷"便来源于张英。张英到朝廷做官之后，父母家人仍在家乡居住。尽管张英公务繁忙，但只要稍一得闲，就会回家探望。

一次，张英回家探望母亲，看到房子已经有些破损，便找人修整，等到一切就绪，才安心返回京城。可张英前脚刚走，邻居吴家便找上门来。原来吴家是地方上的大富豪，平时嚣张惯了，想趁着扩建房屋的机会，侵占张家的宅边地。张英进行规划时，已经将宅边地规划进来，自然不同意邻居侵占过去，于是两家起了争执，谁也不肯退让，后来还打起了官司。县令也很为难，因为这两家一个是富豪，一个是官属，且儿子在京城当宰相，哪个也得罪不起！因此，这件事就拖了下来。

张英母亲很是愤怒，为了尽快结案，立即给张英写了一封信，说："家里被人欺负了，你赶快回来，为家人撑腰！"

张英收到母亲的书信，不愿用权势压制他人，更不愿让两家伤了和气，于是计上心来，只回了一首短诗："千里家书只为墙，再让三尺又何妨？万里长城今犹在，不见当年秦始皇。"意思是，让家人主动退让，不可执意与邻居争执。

母亲读了张英的短诗大有感触，便主动退让三尺。吴家见张家主动退让，深感惭愧，于是也退让了三尺，还主动向张英母亲道歉。之后，两家之间就空出了六尺宽的巷子，被后人称为"六尺巷"。直到今天，六尺巷仍坐落于桐城，向人们昭示着张英的谦和礼让、为人大度。

在父亲的熏陶和教导下，张廷玉也十分注重清廉礼让。雍正帝时常赏赐张廷玉各种物品和银两，但他几乎每次都推辞，甚至还为儿子张若霭（1713—1746）推辞了鼎甲。

当时张若霭通过会试，参加殿试。读卷官将前十名的试卷呈给雍正，雍正发现第五卷字画端正，策略高妙，便钦定为一甲第三名。等到拆号之后，他才发现这位考生是张廷玉的儿子张若霭。

张廷玉当时正在军机处处理公务。雍正派人传旨，恭喜他儿子中了一甲三名。张廷玉闻讯，立即上奏请求："请陛下重新确定人选。"

其实，殿试是公正公平的，雍正和读卷官都没有刻意徇私，张若霭能中一甲三名，完全是凭借才华与本事。雍正不解地问："为什么？谁都不知道这试卷的主人是你的儿子，都没有徇私。而且，这是与众考官一起选出来的，非常公正。"

张廷玉回答道："鼎甲三名是从十几万学子中挑选出来的，张家世代受皇帝恩宠，要是儿子再得一甲，恐怕要寒了天下学子的心。天下寒士读书不易，请陛下多多选举那些贫寒之士吧！"在张廷玉的极力恳求下，雍正不得不同意，将张若霭列为二甲第一名。

让鼎甲这件事，张廷玉真的有父亲张英让墙之风！

为了传承家风，张英、张廷玉还在张家家训的基础上，分别编写了《聪训斋语》《澄怀园语》作为新的家训。后来，张家后人将其合编在一起，是为《父子宰相家训》，告诫子孙要立品、修身、读书、俭用。子孙后代亦遵守、传承、发扬。

敦厚谦让，才能光前裕后

王羲之（303—361）是公认的"书圣"，书法造诣极高。他也是公认的好官，为官时严于律己，清正廉明。除此之外，王羲之也是公认的教子有方，家风良好。

王羲之对子女的教育极为严厉，教导他们刻苦学习，勤学苦练。这一点，在其儿子王献之身上有所体现。王献之年少时不踏实，急于求成，王羲之教育他："你呀，练尽那十八缸水，字才有骨架，才能站稳腿！"王献之于是暗下决心，苦练数年，练尽不止十八缸水，终于大有长进，成为与父亲齐名的大书法家。

除了在学习、书法上，王羲之更注重教导子女谦虚、礼让、宽容，要求他们做到兄友弟恭、与人为善。一次，王羲之与好友许玄度一起到奉化游玩，晚间在小客栈饮酒聊天的时候，听到外面有人争吵。原来是一家两兄弟为了争夺财产，大声争吵，甚至大打出手，彼此都受了重伤，后来被衙役抓了起来。

王羲之面色凝重地对许玄度说："这两个人是亲兄弟，互不相让，还下手如此狠绝，好像仇人一般，不知道我们的后辈以后会不会这样？要是这样的话，岂不是家门不幸！"

回到家，王羲之忧心忡忡地将子女叫到身边，把这件事讲给他们听，告诫他们要友爱、谦让。随后，他又命人拿来纸笔，写下"敦厚谦让"四个大字。

王羲之语重心长地解释道："敦厚，就是庄重朴实；谦让，就是厚人薄己。为人处世，你们要努力做到以德为本、人和为贵，遇事懂得退让三分。尤其是兄弟之间，一定要情如手足，和外睦内，敦厚谦让，如此才能光前裕后。"他还让子女每天临摹一字，每个字写五遍，希望他们把这个字牢记心中。

在王羲之的教诲下，子女们果真友爱谦让、兄弟情深。王徽之和王献之身体不好，到40多岁时，都病得很重。一天，王徽之感觉很久没有听到弟弟的消息，便询问侍候自己的人。得知弟弟去世后，他十分悲伤，不顾自己病重，前去奔丧。

王献之平时喜欢弹琴，王徽之便坐在灵座上，拿过王献之的琴来弹，因为悲伤过度，连琴弦都调不好。他把琴扔到地上，说："子敬啊！子敬啊！如今，你和琴都不在了！"说完，他悲伤过度，昏了过去，一个多月后也撒手人寰了。

让出爵位，不争荣华富贵

从古至今，谦让都是一种美德，也是一种胸怀。一个谦让的人，定将远离祸端，受人尊重；一个谦让的家族，定将和谐兴旺，让后代受益。

郑冲（？—274），东汉人，因为颇有声望，备受时人敬重，因此被曹丕征召，多次升迁为尚书郎，后又补任陈留太守，升为司空、太保，位列三公之上。不过，他并不看重官位名利，多次请求退位辞官。

晋朝建立后，郑冲已经年过七旬，晋武帝觉得郑冲虽然年老，但以他的才能德行不在朝为官太可惜了，便其封为太傅。

郑冲听到被封为太傅的消息后，先是上表谢恩，然后又上表辞官："本官如今已经年过七旬，很多事情已经力不从心，请皇上恩准老臣退官还乡。"晋武帝不准，下诏劝阻，夸赞他明允笃诚，不能辞官。

于是，郑冲不再处理政事，上表请求辞官，连印绶都一并送了回来。晋武帝仍不批准，还下诏："郑冲不能退！"

到了泰始九年（273），郑冲再次上表辞官。他明确指出辞官的原因和利害关系，说："现晋朝朝堂渐稳，以老身之年纪、能力都不能再胜任，而且陛下只有去了老臣，才能吸纳更多的能人志士。如果老臣一直在这里，很多年轻人必然会束手束脚，这对晋朝发展很不利的！……"

晋武帝被他不计禄位、不为权势的精神所感动，同意了他的请求，但仍明确郑冲位同太保太傅，在三司之上，俸禄、赏赐如往常一样。之后，商议国家大事，晋武帝总是派人到郑府请教，听取他的意见。

没多久，郑冲患了重病，生命危急。他的妻子担心未成年的小孙子失去依靠，便请求说："趁你还在世，皇帝还念及你的功劳，不如向皇帝请求由小孙子承袭爵位吧。"

郑冲断然拒绝，苦口婆心地说："数年来，我受皇帝恩宠，享受着丰厚的俸禄，但是为国家做的贡献实在太少了。我时常深感惭愧，怎能为子孙讨要荣华富贵呢？"

妻子着急地说："那孩子将来怎么办呢？"

郑冲说："就让他们靠着自己的本事去争取吧！"妻子无奈，不再提及此事。

郑冲死后，晋武帝知晓此事，备受感动，称赞道："郑冲一生忠心为国，谦让无私，真是国家的股肱之臣啊！你们都应该向他学习！"

随后，晋武帝诏令其子郑徽继承他的爵位，之后其子郑简又继承爵位，家门兴旺绵延。

厚德之人，福泽绵远

北宋名相王旦（957—1017）是厚德之人，不论在家在外都能做到谦让、不争不抢以及宽厚大度。

王旦的父亲王佑，因为直言劝谏而得罪宋太祖，明明有才能却不能升迁宰相。王佑有些不甘心，在自家堂前种了三棵槐树，说："我家子孙一定有位列三公之人。"果不其然，宋真宗时王旦做了宰相，他们成为整个王氏家族最为显赫的一支，之后以"三槐堂"相称。

王旦非常重视家族内部的和谐，从不对家人发脾气，不管发生什么事情都忍让、包容。家人为了试探他，故意在他的肉羹中投入灰尘。王旦淡然处之，只是吃饭，不吃肉羹。家人故意问他："您今天为什么不吃肉羹？"

他回答说："没什么，今天我不想吃。"

第二次，家人继续试探，不但弄脏了肉羹，连饭也弄脏了。王旦依旧不责问，只说："我今天不想吃饭，弄些稀饭来吧！"家人不再试探，愈加佩服他的忍让、和善。

王旦对待兄弟也很友爱，能够侍奉寡嫂，礼让弟弟王旭，还教导弟弟子女要谨慎，不要争眼前小利。他的侄子王睦曾写信给他，请求他帮助自己举进士。王旦不但拒绝，还劝他不要与寒士相争。

后来，王旦的女婿被派到偏远地方任职。女儿想让父亲求情，将丈夫派到好的地方。王旦则劝诫说："如果我请求皇帝照顾女婿，不要将他派到偏远地方，别人岂不是要指责他倚仗岳父争名夺利？这样，岂不是影响了他的远大前程？！"女婿听后，感叹岳父的远见，学习岳父的不争，果真受到重用，进入中书省、枢密院任职。

王旦始终崇尚不争，不但以身作则，更以此教育子女后代。他编写了《三槐堂王氏家训》，告诫后人："为臣一定要忠，为子一定要孝，为兄一定要爱，为弟一定要敬，为妻一定要顺，千万不能因徇私伤和气，千万不要因私故绝恩义，以免给家门招惹是非和祸端。没有重要事情不要喝闲酒，以免酒后失德降品。如果违犯上面家训中的任意一条，就是违悖祖宗教训，都可按族规处置！"

据统计，现在全国40%的王姓中人都是"三槐堂王氏"的后人。在家风影响之下，王氏后代英才辈出。厚德之人，自然福泽绵远。直到今天，三槐家风依旧流芳生辉。

热情谦抑，不做无谓之争

张宾（?—322），十六国时期的著名谋士，辅佐石勒建立后赵，才比张良。更重要的是，张宾不但才比张良，其气度与品行也可与张良相媲美。他热情谦抑，不争不抢，不贪恋权位，不在乎利禄，后人无不称颂！

张宾的父亲，名叫张瑶，曾担任中山郡太守，权力很大。当时，张宾虽年少，但见识非凡，看着父亲在官场中浮浮沉沉，便劝父亲谨慎行事："父亲，您的官越做越大，相信总有人会暗中攻击您，您应该想办法解决这件事，以免后患。"

张瑶不以为然地说："做官难免招人忌恨，这是正常的，你用不着大惊小怪。"

张宾郑重地说："父亲，您知道自己是如何树敌的吗？因为您平时把官位看得太重，事事讲排场，处处摆威严，不管对待朋友、邻居还是身边下属，都习惯摆官架子，没有一点谦虚、和气。我觉得父亲应该谦和一些，把官位和权力看得轻一些，如此就不会令人厌恶了。"张瑶听后，无言以对，之后有所收敛，并感叹儿子将来定能成为可造之材。

后来，张宾做了中丘王的管事人，职位虽不高，管的杂事也比较多，但权力却不小，而且颇有油水。按理说，这样的肥差人人都抢着做，但张宾却不甘心只当个闲差，一心想凭借自己的才学，谋求更大的成就。

朋友劝他："人生在世，不过为了吃穿，你现在衣食无忧，有权，有颜面，还有什么不满足的？"张宾知道朋友是好心相劝，并没有反驳，只是苦笑着回答："你的想法太庸俗了。人生在世，为什么只争权力和金钱呢？"并感叹无人理解自己的志向与心意。之后，张宾辞掉这个职位，一心想要实现抱负。

后来，永嘉大乱爆发，羯族将军石勒做了大将军，南下山东。张宾认为这是个大好机会，便主动投奔，做了石勒的谋士。其间，他劝谏石勒要务实弃虚，如此才能成就大事。他对石勒说："务实，就是要扩充实力，占据要地，不做无谓之争；弃虚，就是要不贪高位，摒弃虚名，着重获取实际权力。如今，人人都争着称王称霸，这就是不务实，就是爱慕虚荣。大将军，您千万要引以为戒！"

石勒觉得张宾说得有道理，称赞道："先生见识果然高明！如今天下大乱，只有拿到实权才是最重要的。为了争夺所谓的虚名杀得你死我活，那就太不值了！"之后，石勒非常看重张宾，对其言听计从，终于建立后赵，登上帝位。

为了表彰张宾的功劳，石勒封他为濮阳侯，官至右长史、大执法，还说不管张宾有什么需求，都要满足他。张宾并不贪赏赐，说道："臣别无所求，陛下的赏赐是对微臣最大的恩赐，臣不敢推辞，但是臣不能倚仗陛下的信任为所欲为，更不能为自己争私利！"

张宾是这样说的，也是这样做的。他从来不争什么，不抢着摆架子，不争着立官威，还以此要求下属。张宾如此谦抑，为人称颂。

张宾病逝时，石勒悲痛万分，同僚、朋友、百姓都为他送行。送葬队伍绵延几十里，场面十分浩大。

恕人之过，正是给自己积福

恕人之过，是一种宽容的度量，更是一种知让、知退。宽恕这一家风可以成就一个人，更可以让一个家族繁荣昌盛，得到更多福报。

综观古代名门世家，大部分家族以恕人之过为家训，张拓便是如此。张拓是汉朝人，担任南阳太守的时候曾办理一个案件，违法的是一位穷苦百姓，他是迫不得已才做出错事。张拓知道国法无情，犯法之人理应受到惩罚，但是他怀有怜悯宽恕之心，想出一个好办法：让差役用柔软的蒲草代替鞭子来责罚他。这既维护了法律的公正，又宽恕了这个可怜之人。

还有一次，一个人的牛走丢了，他寻找牛的时候，碰巧张拓驾车从街上经过，发现张拓驾车的牛和自己的牛非常像，硬说这牛是他的。张拓不做争辩，让车夫将牛给那人，自己步行回了家。没多久，那人找到自己的牛，知道错怪了张拓，便到张拓家赔礼道歉，并将牛还给了他。众人都以为张拓会责怪那个人，没想到，他不仅没有责怪，还宽慰他，让他不要太介怀。

人们听说张拓宽容大度，能恕人之过，都非常尊重和爱戴他，称赞他为人仁厚、品德高尚。张拓的妻子时常听人们夸赞他，便想了一个办法试探，看他是否如人们说的那样。

一天，张拓邀请几位同僚来家里商讨公事，并招待他们在家中用餐。席间，张拓妻子吩咐婢女端上一盆肉汤，然后装作不小心把肉汤洒到张拓身上。婢女依计行事，把汤洒了张拓一身，让张拓出了丑。在座的同僚，见婢女如此不小心，纷纷责骂训斥。张拓不但没有责备婢女，反而关心她是否被烫伤。这件事之后，同僚们更加敬佩张拓，妻子也对他敬佩有加。

张拓懂得宽容，能恕人之过、释人之嫌，是为君子。正因为他的宽容有度、谦和有礼，不仅感动了家人和当地百姓，而且在他的身体力行、耳濡目染之下，其家族和当地百姓无不谦和、有礼、宽容、懂退让，良好风气盛行一时！

百忍成金，一切法得成于忍

在唐朝，有这样一个家族：家中九代同堂，全家人居住在一起，人人和气不争。这个家族，就是张公艺（577—676）的家族。其实，张家祖先从北齐开始，到隋朝，再到唐朝，始终都和气兴盛，多次受到皇帝的赞扬和重视，还被列为乡邻典范。

唐高宗时期，张家依旧兴盛，家族九百余人生活在一起，和睦团结。高宗听闻张家的声名，前往泰山封禅的路上，特意前去拜访，询问张公艺治家之法："为什么你们这么大一家人居住在一起，仍可以和乐融融？难道就没有发生过纷争吗？"

"陛下，请移步书房，您就能明白我们家庭和睦相处的秘诀了！"张公艺把唐高宗请到书房。

到了书房，张公艺找来纸笔，写了一百个"忍"字，然后呈给高宗，说道："关键就在于这个'忍'字。一些家族为什么不能和睦相处？主要是当家人有偏颇、有私心，在衣食住行方面都会徇私，如此一来，自然会有人愤愤不平，产生争执和怨恨。除此之外，长幼有序，也是非常重要的。一个家族，如果没有尊卑，没有次第，彼此就不会包容。一旦不能包容，就会相互争吵，无法做到同心协力。那么，这个家族就会变得混乱起来，纷争不断。这样一来，家族如何能维持下去呢？相反，如果家族每个人都能做到'忍'，相互礼让，和睦相处，家族能不兴旺吗？"高宗听后，深有感触，大为赞赏张公艺以及张家的良好家风。

"忍"是张家的兴旺之本。正是因为张家所有族人都能做到礼让、忍让，不争不抢，即便九辈同居，仍一团和气，也就不奇怪了！

宰相肚里能撑船

唐朝有一个宰相，叫娄师德（630—699）。他心胸极广，宽厚待人，处处忍让。古人所说的"宰相肚里能撑船"，便是对他的称赞。

娄师德身体非常肥胖，肚子也非常大，走起路来十分缓慢。一次，娄师德与夏官侍郎李昭德一同上朝，因行走缓慢，被李昭德远远落在后面。李昭德几次停下来等待，娄师德都没有跟上来。眼看上朝要迟到了，李昭德急得大声骂道："你就是个该杀千刀的乡巴佬！"

要是别人，在大庭广众之下，被同僚当众责骂，肯定大怒，可是娄师德不但不恼，反而笑嘻嘻地说："我不当乡巴佬，谁来当乡巴佬？"一句话弄得李昭德顿时哭笑不得，很快没了脾气，不仅如此，还愈加佩服他的大度。

娄师德与狄仁杰之间的故事，也彰显了他的宽容与忍让。娄师德能识人，向武则天举荐了许多有才之士。狄仁杰之所以能成为宰相，便是娄师德再三推荐的结果。可是，娄师德从未向别人提及，除了武则天，没人知晓这件事。

狄仁杰当了宰相后，因与娄师德的处事方法不同，不但轻视他，还屡屡排挤他，想把他调到地方任职。武则天知晓后，找狄仁杰谈话，询问："你认为娄师德有贤德吗？"

"娄将军守边关很好，他是否有贤德，臣不知。"狄仁杰回答。

武则天又问："那你觉得他是一位'伯乐'吗？"

狄仁杰又说："臣与他共事多年，从未见他有这样的本事。"

武则天坦言："朕之所以能用爱卿，就是因为娄师德再三向朕推荐你。娄师德是一位真正能识人的'伯乐'啊！"说完，还给狄仁杰看了娄师德数次推荐狄仁杰的奏章。

直到这时，狄仁杰才知晓事情真相，深感惭愧和内疚，感叹道："娄公盛德，是真君子啊！我处处排挤他、轻视他，他始终抱着宽容与忍让之心，不与我计较，我远远不如他啊！"

娄师德不但以身作则，还时常教导兄弟子女要为人大度，能宽恕别人的过错，做到忍让，不去计较别人的非议与攻击。他的弟弟被派到代州做刺史，出发前向他辞行，他询问道："我现在身为宰相，你又成为代州的地方长官，备受荣宠，必将遭到他人忌恨，你将如何自处呢？"

弟弟立即回答："我深受兄长教诲，请兄长放心，我定能做到谦和、忍让。如果有人往我脸上吐唾沫，我也会微笑着擦干净，绝不与人计较。"

听了弟弟的话，娄师德不但不高兴，反而忧心忡忡地说："这正是我所担忧的。别人向你吐唾沫，是恨你，你把唾沫擦干净，别人的恨意怎能消除呢？你不应该把唾沫擦掉，而是要让它自己干掉，并保持微笑。"娄师德教导弟弟忍辱，唾面自干，可见他的心胸是多么博大！

宽容与忍让，是一种博大的胸襟。古代能宽容待人者不少，能忍让的人也不少，但能做到如娄师德一般肚子里能撑船的人却非常少。正因如此，娄师德能在官场上绿树常青，并让家门远祸得福。